Reproducible Math Worksheets and Answer Keys

(Addition, Subtraction, Multiplication, Division, Integers, Regrouping, Long Division)

70 Times 7 Math

Published by 70 Times 7 Math (A division of Habakkuk Educational Materials)

Copyright © 2019-2022 by 70 Times 7 Math. All rights reserved.

REPRODUCIBLE MATH WORKSHEETS AND ANSWER KEYS
(Addition, Subtraction, Multiplication, Division, Integers, Regrouping, Long Division)

Copyright © 2019-2022 by 70 Times 7 Math

No part of this book without a reproducible notice affixed to the footnote may be reproduced in any form or by any electronic or mechanical means, including information storage and retrieval systems, without the written consent of the publisher. If a page is specified as reproducible, the reproduction is permitted for non-commercial, classroom use only. Please address your inquiries to Habakkuk@cox.net.

ISBN (Paperback Edition): 978-1-954796-08-9

Image on the front cover: © AnnaSunny24/Shutterstock.com.

Printed and bound in the United States of America

Published by 70 Times 7 Math
(A division of Habakkuk Educational Materials)

Visit www.habakkuk.net

Table of Contents

Preface	**4**
Worksheets for Grades Kindergarten Through 2nd...	**5**
1. Addition Facts	6
2. Subtraction Facts	9
3. Addition and Subtraction Facts	12
Worksheets for Grades 3rd-6th	**13**
4. Multiplication Facts	14
5. Division Facts	16
6. Multiplication and Division Facts	18
7. Addition with Regrouping, Subtraction with Regrouping, Multiplication with Regrouping, Long Division (**Instructions:** Assign a different page each week. Each page consists of addition with regrouping, subtraction with regrouping, multiplication with regrouping, and long division problems for students to solve.)	19
Worksheets for Grades 6 and Up	**45**
8. Adding Integers	46
9. Subtracting Integers	49
10. Multiplying Integers	52
11. Dividing Integers	54
Worksheets for Elementary Students	**56**
12. Digital Time	57
13. Symmetry	58
14. Place Value	59
15. Bar Graph	60
Bingo Worksheets	
16. Addition Facts Bingo	61
17. Addition and Subtraction Bingo	70
18. Multiplication Facts Bingo	81
19. Multiplication and Division Bingo	88
20. Good Work Coupon	103
Answer Key	**104**

REPRODUCIBLE MATH WORKSHEETS AND ANSWER KEYS
(ADDITION, SUBTRACTION, MULTIPLICATION, DIVISION, INTEGERS, REGROUPING, LONG DIVISION)

This book is a part of the "70 Times 7 Math Curriculum" by Habakkuk Educational Materials. The pages may be reproduced for non-commercial, classroom use and assigned as classwork or homework. There are worksheets to aid **kindergarten through 2nd-grade students** in memorizing the addition and subtraction facts and **3rd-6th graders** in memorizing the multiplication and division facts, as each worksheet contains all 100 of the facts in random order. If you use these worksheets as classwork, five minutes might be allotted regularly for the children to identify as many facts from a worksheet as possible. (You might choose to allow beginning learners who need the assistance of concrete objects to use abacuses or other manipulatives to help them identify the facts.) If the child completes the paper within the timeframe, you may want to offer him or her a reward (such as a sticker to add to his/her incentive chart), while unfinished papers could be returned to students the following day and another five minutes allotted for them to continue their work. There is also a space for recording the time on these worksheets if you wish to time students with a stopwatch. (Please note that it is possible to complete both the "Addition Facts" and the "Subtraction Facts" worksheet in less than 5 minutes. However, close to 10 minutes would be needed to complete them both.) This book also includes a set of addition, subtraction, multiplication, and division worksheets that have been specially designed to use for bingo games.

Other worksheets are aimed at helping students in **grades 3rd-6th** to become proficient at solving long division problems and at solving problems that require regrouping. There are 26 pages of this type of worksheet, and each page consists of addition with regrouping, subtraction with regrouping, multiplication with regrouping, and long division problems for students to solve. It is recommended that you assign your 3rd- through 6th-grade students a different page to complete weekly. Note that worksheets with page numbers listed are for the benefit of those students using the "70 Times 7 Math Curriculum" to learn math. They indicate where the student can turn to for help in his textbook titled *70 Times 7 Math (An All-In-One Math Book for Grades Kindergarten Through 5th)* and where the teacher can go to lead a review on the interactive whiteboard.

In addition, there are worksheets to equip older students (those in **6th grade and up**) with the ability to quickly add, subtract, multiply, and divide integers, and instructions on how to solve the integers are provided with each worksheet. Other reproducible pages that can be used to make bar graphs, to write digital times, and to learn about symmetry and place value are also provided. The answer keys to worksheets are included at the end of this book. The worksheets have been assigned a number (located at the top of the page), and the answer key has been assigned the corresponding number. For more information or to contact Habakkuk Educational Materials, please visit the business website at https://www.habakkuk.net/.

Worksheets for Grades K-2nd

Note: Besides the worksheets included in this section, there are additional pages appropriate for this grade range starting on page 56.

Name: _____   Time: _____

WORKSHEET #1

9	0	8	1	7	2	6	3	5	4
+4	+0	+3	+1	+2	+2	+1	+3	+0	+4

0	5	1	3	2	2	3	1	4	0
+1	+5	+2	+9	+3	+8	+4	+7	+5	+6

5	1	9	2	8	3	7	4	6	5
+6	+0	+3	+1	+2	+2	+1	+3	+0	+4

0	6	1	6	2	2	3	1	4	0
+2	+5	+3	+6	+4	+9	+5	+8	+6	+7

5	2	6	3	9	4	8	5	7	6
+7	+0	+7	+1	+2	+2	+1	+3	+0	+4

0	7	1	7	2	7	3	1	4	0
+3	+5	+4	+6	+5	+7	+6	+9	+7	+8

5	3	6	4	7	5	9	6	8	7
+8	+0	+8	+1	+8	+2	+1	+3	+0	+4

0	8	1	8	2	8	3	8	4	0
+4	+5	+5	+6	+6	+7	+7	+8	+8	+9

5	4	6	5	7	6	8	7	9	8
+9	+0	+9	+1	+9	+2	+9	+3	+0	+4

0	9	1	9	2	9	3	9	4	9
+5	+5	+6	+6	+7	+7	+8	+8	+9	+9

Reproducible for non-commercial, classroom use only by Habakkuk Educational Materials

Name: _____   Time: _____

WORKSHEET #2

8	1	5	0	1	6	1	5	0	1
+1	+6	+3	+6	+0	+8	+9	+2	+5	+2

8	3	4	1	7	0	2	4	9	2
+2	+2	+2	+7	+2	+1	+9	+4	+2	+0

4	1	8	4	7	6	9	3	2	6
+6	+1	+0	+3	+4	+3	+3	+3	+8	+2

2	7	3	1	9	5	7	5	9	6
+4	+0	+0	+8	+7	+6	+8	+4	+9	+0

6	3	8	3	4	0	1	8	2	6
+5	+9	+5	+7	+7	+2	+4	+8	+1	+1

2	5	7	0	5	2	9	0	7	4
+5	+5	+1	+8	+1	+3	+4	+7	+7	+8

2	0	3	8	8	0	6	3	3	7
+6	+0	+5	+3	+9	+3	+7	+6	+8	+5

1	5	5	2	4	7	4	8	2	1
+5	+0	+7	+2	+1	+6	+5	+6	+7	+3

9	3	5	5	8	0	6	0	8	7
+5	+1	+8	+9	+4	+4	+9	+9	+7	+3

7	6	3	9	9	6	9	9	4	4
+9	+6	+4	+8	+0	+4	+6	+1	+9	+0

Reproducible for non-commercial, classrocm use only by Habakkuk Educational Materials

Name: _____   Time: _____

WORKSHEET #3

3	2	3	7	2	9	5	9	2	1
+2	+0	+9	+7	+6	+8	+4	+2	+5	+7
5	3	8	4	0	3	8	6	2	7
+6	+3	+7	+4	+1	+1	+3	+0	+2	+1
1	8	7	1	4	5	1	8	9	0
+1	+2	+2	+4	+7	+0	+2	+0	+5	+0
9	4	5	0	9	4	7	6	2	3
+4	+3	+5	+6	+9	+5	+6	+1	+8	+4
6	8	2	6	0	8	9	0	2	1
+7	+1	+3	+5	+2	+9	+3	+4	+7	+0
1	3	0	0	0	7	7	6	2	4
+3	+5	+5	+7	+3	+0	+4	+9	+9	+6
8	5	3	5	1	9	5	9	7	7
+8	+3	+7	+9	+6	+0	+7	+1	+9	+5
3	1	2	0	5	7	1	4	4	6
+8	+8	+4	+8	+1	+3	+5	+0	+2	+6
4	6	4	0	5	7	2	1	5	3
+1	+8	+8	+9	+8	+8	+1	+9	+2	+0
6	6	3	8	4	9	6	9	8	8
+3	+2	+6	+6	+9	+7	+4	+6	+4	+5

Reproducible for non-commercial, classroom use only by Habakkuk Educational Materials

Name: _____   Time: _____

WORKSHEET #4

9 − 7	0 − 0	10 − 7	1 − 0	11 − 5	3 − 1	13 − 9	6 − 5	15 − 6	8 − 1
1 − 1	9 − 3	2 − 0	10 − 4	3 − 2	11 − 6	6 − 2	13 − 5	8 − 7	15 − 9
9 − 6	2 − 2	10 − 6	3 − 0	12 − 3	4 − 1	13 − 8	6 − 4	15 − 7	8 − 2
3 − 3	9 − 4	4 − 0	10 − 5	4 − 3	12 − 9	6 − 3	13 − 6	8 − 6	15 − 8
9 − 5	4 − 4	11 − 2	5 − 0	12 − 4	4 − 2	13 − 7	7 − 1	16 − 7	8 − 3
5 − 5	10 − 1	6 − 0	11 − 9	5 − 1	12 − 8	7 − 6	14 − 5	8 − 5	16 − 9
10 − 9	6 − 6	11 − 3	7 − 0	12 − 5	5 − 4	14 − 9	7 − 2	15 − 8	8 − 4
7 − 7	10 − 2	8 − 0	11 − 8	5 − 2	12 − 7	7 − 5	14 − 6	9 − 1	17 − 8
10 − 8	8 − 8	11 − 4	9 − 0	12 − 6	5 − 3	14 − 8	7 − 3	17 − 9	9 − 8
9 − 9	10 − 3	2 − 1	11 − 7	6 − 1	13 − 4	7 − 4	14 − 7	9 − 2	18 − 9

Reproducible for non-commercial, classroom use only by Habakkuk Educational Materials

Name: _____ **Time:** _____

WORKSHEET #5

15	7	12	8	10	8	4	13	8	3
−8	−4	−4	−3	−6	−2	−3	−4	−6	−3

8	11	13	0	9	9	8	10	3	12
−4	−2	−9	−0	−5	−7	−1	−5	−1	−9

9	15	6	12	6	1	13	1	12	18
−3	−6	−2	−3	−5	−1	−5	−0	−8	−9

10	11	13	2	7	9	14	10	11	17
−8	−7	−8	−2	−6	−6	−5	−4	−6	−8

11	7	6	2	6	5	11	6	16	10
−5	−5	−3	−1	−4	−5	−3	−6	−8	−7

9	10	13	9	13	7	15	10	4	11
−2	−1	−7	−0	−6	−7	−9	−2	−1	−8

12	8	8	5	7	12	16	3	14	12
−6	−7	−0	−2	−1	−7	−9	−0	−8	−5

3	10	5	4	17	9	9	5	4	11
−2	−3	−0	−4	−9	−9	−8	−3	−2	−4

7	9	14	6	4	14	7	16	5	5
−0	−1	−9	−0	−0	−7	−3	−7	−4	−1

9	8	8	6	14	15	10	11	7	2
−4	−5	−8	−1	−6	−7	−9	−9	−2	−0

Reproducible for non-commercial, classroom use only by Habakkuk Educational Materials

Name: _____   Time: _____

WORKSHEET #6

8	12	8	16	4	11	7	5	15	10
−4	−3	−3	−8	−4	−9	−4	−0	−8	−5

9	15	3	18	9	11	8	7	11	8
−4	−6	−1	−9	−7	−8	−1	−0	−5	−6

1	8	13	17	1	14	7	0	3	11
−0	−7	−6	−8	−1	−9	−6	−0	−2	−7

10	12	11	9	9	10	14	13	9	6
−1	−8	−6	−1	−5	−7	−7	−8	−5	−5

4	15	7	13	6	9	15	9	11	14
−2	−7	−1	−9	−6	−0	−9	−3	−3	−8

3	12	10	6	7	8	8	14	10	9
−0	−9	−6	−2	−2	−0	−2	−6	−9	−2

6	16	7	7	5	5	14	2	5	5
−3	−7	−3	−5	−5	−2	−5	−2	−1	−4

9	10	4	6	4	12	2	6	3	10
−8	−3	−1	−4	−3	−7	−0	−1	−3	−2

2	11	5	16	13	4	17	8	6	9
−1	−2	−3	−9	−5	−0	−9	−8	−0	−9

11	10	13	12	7	8	12	13	12	10
−4	−4	−4	−5	−7	−5	−4	−7	−6	−8

Reproducible for non-commercial, classroom use only by Habakkuk Educational Materials

WORKSHEET #7

Directions: Write the missing number of each addition or subtraction sentence in the space provided.

9 – 4 = ___	0 + ___ = 1	___ + 6 = 11	0 + 2 = ___	5 + ___ = 12
___ + 3 = 3	5 + 8 = ___	0 + ___ = 4	___ + 9 = 14	0 + 5 = ___
0 – ___ = 0	___ – 5 = 0	1 – 0 = ___	6 – ___ = 1	___ – 0 = 2
7 – 5 = ___	3 – ___ = 3	___ – 5 = 3	4 – 0 = ___	9 – ___ = 4
___ – 3 = 5	1 + 2 = ___	9 – ___ = 6	___ + 3 = 4	6 + 7 = ___
1 + ___ = 5	___ + 8 = 14	1 + 5 = ___	6 + ___ = 15	___ + 6 = 7
1 – 1 = ___	3 + ___ = 12	___ – 1 = 1	6 – 6 = ___	3 – ___ = 2
___ – 6 = 1	4 – 1 = ___	8 – ___ = 2	___ – 1 = 4	9 – 6 = ___
7 – ___ = 5	___ + 3 = 5	8 – 2 = ___	2 + ___ = 6	___ – 2 = 7
2 + 5 = ___	7 + ___ = 15	___ + 6 = 8	7 + 9 = ___	2 + ___ = 9
___ – 2 = 0	2 + 8 = ___	3 – ___ = 1	___ + 9 = 11	4 – 2 = ___
7 – ___ = 0	___ – 2 = 3	8 – 7 = ___	6 – ___ = 4	___ – 7 = 2
6 – 1 = ___	3 + ___ = 7	___ – 1 = 6	3 + 5 = ___	8 – ___ = 7
___ + 6 = 9	9 – 1 = ___	3 + ___ = 10	___ + 9 = 17	3 + 8 = ___
3 – ___ = 0	___ + 7 = 8	4 – 3 = ___	1 + ___ = 9	___ – 3 = 2
1 + 9 = ___	6 – ___ = 3	___ – 8 = 0	7 – 3 = ___	9 – ___ = 1
___ – 0 = 5	4 + 5 = ___	6 – ___ = 6	___ + 6 = 10	7 – 0 = ___
4 + ___ = 11	___ – 0 = 8	4 + 8 = ___	9 – ___ = 9	___ + 9 = 13
4 – 4 = ___	0 + ___ = 6	___ – 4 = 1	0 + 7 = ___	6 – ___ = 2
___ + ___ = 8	7 – 4 = ___	0 + ___ = 9	___ – 4 = 4	9 – 9 = ___

Reproducible for non-commercial, classroom use only by Habakkuk Educational Materials

Worksheets for Grades 3rd–6th

Name: _____   Time: _____

WORKSHEET #8

9	0	8	1	7	2	6	3	5	4
×4	×0	×3	×1	×2	×2	×1	×3	×0	×4

0	5	1	3	2	2	3	1	4	0
×1	×5	×2	×9	×3	×8	×4	×7	×5	×6

5	1	9	2	8	3	7	4	6	5
×6	×0	×3	×1	×2	×2	×1	×3	×0	×4

0	6	1	6	2	2	3	1	4	0
×2	×5	×3	×6	×4	×9	×5	×8	×6	×7

5	2	6	3	9	4	8	5	7	6
×7	×0	×7	×1	×2	×2	×1	×3	×0	×4

0	7	1	7	2	7	3	1	4	0
×3	×5	×4	×6	×5	×7	×6	×9	×7	×8

5	3	6	4	7	5	9	6	8	7
×8	×0	×8	×1	×8	×2	×1	×3	×0	×4

0	8	1	8	2	8	3	8	4	0
×4	×5	×5	×6	×6	×7	×7	×8	×8	×9

5	4	6	5	7	6	8	7	9	8
×9	×0	×9	×1	×9	×2	×9	×3	×0	×4

0	9	1	9	2	9	3	9	4	9
×5	×5	×6	×6	×7	×7	×8	×8	×9	×9

Reproducible for non-commercial, classroom use only by Habakkuk Educational Materials

Name: _____   Time: _____

WORKSHEET #9

7	2	7	5	3	1	5	4	3	6
×0	×4	×7	×3	×6	×4	×5	×2	×7	×5

5	6	9	9	3	6	8	2	4	8
×2	×1	×4	×2	×3	×7	×5	×3	×0	×3

1	4	5	5	4	0	6	9	2	6
×1	×7	×4	×0	×6	×0	×9	×1	×2	×6

4	3	0	6	1	1	4	9	8	1
×8	×4	×1	×4	×7	×0	×4	×5	×6	×2

1	7	5	7	6	2	8	2	2	8
×5	×9	×6	×5	×8	×6	×7	×5	×8	×0

2	0	0	7	1	0	0	9	3	9
×1	×5	×2	×6	×8	×4	×7	×8	×2	×0

5	8	9	4	6	9	3	4	8	9
×1	×4	×6	×3	×3	×9	×9	×1	×1	×3

0	3	1	2	3	2	0	7	2	7
×6	×5	×6	×7	×8	×0	×8	×3	×9	×1

7	3	9	6	8	1	0	5	6	7
×4	×0	×7	×0	×8	×9	×9	×9	×2	×2

5	8	0	4	8	4	3	7	5	1
×8	×9	×3	×9	×2	×5	×1	×8	×7	×3

Name: _____   Time: _____

WORKSHEET #10

5)20	1)1	4)32	1)7	6)48	4)12	2)2
3)21	1)8	8)32	2)14	8)48	7)21	3)3
5)35	1)9	7)49	7)14	4)4	3)24	2)4
7)35	3)15	6)54	8)24	5)5	6)36	2)6
9)54	5)15	6)6	4)24	3)6	4)36	4)16
7)56	6)24	7)7	9)36	2)8	8)56	2)16
8)8	5)25	4)8	5)40	8)16	7)63	3)27
9)9	8)40	3)9	9)63	2)18	1)2	9)27
2)10	6)42	9)18	8)64	4)28	1)3	7)42
5)10	8)72	3)18	1)4	7)28	2)12	5)45
6)18	9)72	5)30	1)5	9)45	6)12	9)81
4)20	1)6	6)30	3)12			

Reproducible for non-commercial, classroom use only by Habakkuk Educational Materials

Name: _____ Time: _____

WORKSHEET #11

24 ÷ 4 = ___	45 ÷ 9 = ___	3 ÷ 1 = ___	2 ÷ 1 = ___	12 ÷ 2 = ___
25 ÷ 5 = ___	16 ÷ 4 = ___	54 ÷ 6 = ___	9 ÷ 3 = ___	56 ÷ 8 = ___
18 ÷ 2 = ___	9 ÷ 9 = ___	15 ÷ 5 = ___	5 ÷ 5 = ___	8 ÷ 4 = ___
30 ÷ 6 = ___	54 ÷ 9 = ___	72 ÷ 8 = ___	56 ÷ 7 = ___	8 ÷ 8 = ___
18 ÷ 9 = ___	30 ÷ 5 = ___	16 ÷ 2 = ___	40 ÷ 5 = ___	10 ÷ 2 = ___
32 ÷ 4 = ___	64 ÷ 8 = ___	14 ÷ 2 = ___	10 ÷ 5 = ___	28 ÷ 4 = ___
63 ÷ 7 = ___	20 ÷ 5 = ___	18 ÷ 3 = ___	72 ÷ 9 = ___	63 ÷ 9 = ___
21 ÷ 3 = ___	3 ÷ 3 = ___	12 ÷ 6 = ___	12 ÷ 3 = ___	4 ÷ 1 = ___
5 ÷ 1 = ___	20 ÷ 4 = ___	27 ÷ 9 = ___	48 ÷ 8 = ___	81 ÷ 9 = ___
42 ÷ 6 = ___	4 ÷ 4 = ___	18 ÷ 6 = ___	35 ÷ 7 = ___	2 ÷ 2 = ___
28 ÷ 7 = ___	12 ÷ 4 = ___	48 ÷ 6 = ___	24 ÷ 3 = ___	21 ÷ 7 = ___
49 ÷ 7 = ___	36 ÷ 4 = ___	6 ÷ 1 = ___	35 ÷ 5 = ___	4 ÷ 2 = ___
8 ÷ 2 = ___	24 ÷ 8 = ___	36 ÷ 9 = ___	32 ÷ 8 = ___	1 ÷ 1 = ___
45 ÷ 5 = ___	14 ÷ 7 = ___	6 ÷ 2 = ___	7 ÷ 1 = ___	42 ÷ 7 = ___
7 ÷ 7 = ___	15 ÷ 3 = ___	8 ÷ 1 = ___	16 ÷ 8 = ___	27 ÷ 3 = ___
36 ÷ 6 = ___	6 ÷ 3 = ___	9 ÷ 1 = ___	6 ÷ 6 = ___	40 ÷ 8 = ___
24 ÷ 6 = ___				

Reproducible for non-commercial, classroom use only by Habakkuk Educational Materials

WORKSHEET #12

Directions: Write the missing number of each multiplication or division sentence in the space provided.

9 × 4 = ___	0 × 4 = ___	___ × 6 = 30	0 × 2 = ___	5 × ___ = 35
___ × 3 = 0	5 × 8 = ___	8 × 0 = ___	___ × 9 = 45	0 × 5 = ___
0 × 1 = ___	___ ÷ 5 = 1	1 × 0 = ___	6 × ___ = 30	0 × 0 = ___
7 × 5 = ___	3 × ___ = 0	___ × 5 = 40	4 × 0 = ___	9 × ___ = 45
___ × 3 = 24	1 × 2 = ___	9 ÷ ___ = 3	___ × 3 = 3	6 × 7 = ___
1 × ___ = 4	___ × 8 = 48	1 × 5 = ___	6 × ___ = 54	___ × 6 = 6
1 ÷ 1 = ___	3 × ___ = 27	___ ÷ 1 = 2	6 ÷ 6 = ___	3 ÷ ___ = 3
___ × 6 = 42	4 ÷ 1 = ___	8 × ___ = 48	___ ÷ 1 = 5	9 × 6 = ___
7 × ___ = 14	___ × 3 = 6	8 ÷ 2 = ___	2 × ___ = 8	___ × 2 = 18
2 × 5 = ___	7 × ___ = 56	___ × 6 = 12	7 × 9 = ___	2 × ___ = 14
___ ÷ 2 = 1	2 × 8 = ___	3 × ___ = 6	___ × 9 = 18	4 ÷ 2 = ___
7 ÷ ___ = 1	___ × 2 = 10	8 × 7 = ___	6 ÷ ___ = 3	___ × 7 = 63
6 ÷ 1 = ___	3 × ___ = 12	___ ÷ 1 = 7	3 × 5 = ___	8 ÷ ___ = 8
___ × 6 = 18	9 ÷ 1 = ___	3 × ___ = 21	___ × 9 = 72	3 × 8 = ___
3 ÷ ___ = 1	___ × 7 = 7	4 × 3 = ___	1 × ___ = 8	___ × 3 = 15
1 × 9 = ___	6 ÷ ___ = 2	___ ÷ 8 = 1	7 × 3 = ___	9 × ___ = 72
2 × 0 = ___	4 × 5 = ___	6 × ___ = 0	___ × 6 = 24	7 × 0 = ___
4 × ___ = 28	5 × 0 = ___	4 × 8 = ___	9 × ___ = 0	___ × 9 = 36
4 ÷ 4 = ___	0 × 9 = ___	___ × 4 = 20	0 × 7 = ___	6 × ___ = 24
___ × 8 = 0	7 × 4 = ___	0 × 6 = ___	___ ÷ 4 = 2	9 ÷ 9 = ___

WORKSHEET #13 (Show your work in the boxes.)

addition and subtraction with regrouping (pages 86-89)

1. 854 + 327 = _____

2. 6413 + 834 = _____

3. 51 − 36 = _____

4. 704 − 69 = _____

multiplication with/without regrouping (pages 90-94)

5. 38 × 6 = _____

6. 59 × 14 = _____

7. 912 × 324 = _____

8. 82 × 10 = _____

9. 754 × 103 = _____

long division (pages 95-99)

10. 96 ÷ 8 = _____

11. 42 ÷ 9 = _____

12. 856 ÷ 4 = _____

13. 315 ÷ 15 = _____

WORKSHEET #14 (Show your work in the boxes.)
addition and subtraction with regrouping (pages 86-89)

1. 205 + 76 = _____	2. 7580 + 1683 = _____
3. 8573 − 691 = _____	4. 207 − 89 = _____

multiplication with regrouping (pages 90-94)

5. 73 × 5 = _____ 6. 95 × 28 = _____ 7. 903 × 241 = _____	8. 58 × 20 = _____ 9. 941 × 703 = _____

long division (pages 95-99)

10. 85 ÷ 5 = _____ 11. 78 ÷ 5 = _____	12. 702 ÷ 6 = _____ 13. 165 ÷ 15 = _____

WORKSHEET #15 (Show your work in the boxes.)
addition and subtraction with regrouping (pages 86-89)

1. 325 + 517 = _____	2. 8274 + 651 = _____
3. 65 − 17 = _____	4. 705 − 28 = _____

multiplication with regrouping (pages 90-94)

5. 28 × 5 = _____ 6. 76 × 31 = _____ 7. 732 × 317 = _____	8. 17 × 50 = _____ 9. 523 × 604 = _____

long division (pages 95-99)

10. 57 ÷ 3 = _____ 11. 23 ÷ 4 = _____	12. 780 ÷ 3 = _____ 13. 154 ÷ 11 = _____

Reproducible for non-commercial, classroom use only by Habakkuk Educational Materials

WORKSHEET #16 (Show your work in the boxes.)

addition and subtraction with regrouping (pages 86-89)

1. 529 + 61 = _____

2. 4677 + 2593 = _____

3. 3884 − 725 = _____

4. 103 − 25 = _____

multiplication with regrouping (pages 90-94)

5. 34 × 8 = _____

6. 58 × 64 = _____

7. 955 × 767 = _____

8. 28 × 50 = _____

9. 753 × 406 = _____

long division (pages 95-99)

10. 95 ÷ 5 = _____

11. 73 ÷ 6 = _____

12. 321 ÷ 3 = _____

13. 182 ÷ 13 = _____

Reproducible for non-commercial, classroom use only by Habakkuk Educational Materials

WORKSHEET #17 (Show your work in the boxes.)
addition and subtraction with regrouping (pages 86-89)

1. 723 + 448 = _____

2. 2853 + 624 = _____

3. 81 − 63 = _____

4. 406 − 57 = _____

multiplication with regrouping (pages 90-94)

5. 52 × 9 = _____

6. 85 × 43 = _____

7. 431 × 652 = _____

8. 53 × 90 = _____

9. 754 × 506 = _____

long division (pages 95-99)

10. 70 ÷ 2 = _____

11. 58 ÷ 9 = _____

12. 861 ÷ 7 = _____

13. 228 ÷ 19 = _____

WORKSHEET #18 (Show your work in the boxes.)

addition and subtraction with regrouping (pages 86-89)

1. 377 + 53 = _____

2. 2558 + 3627 = _____

3. 4672 − 538 = _____

4. 105 − 76 = _____

multiplication with regrouping (pages 90-94)

5. 28 × 7 = _____

6. 43 × 76 = _____

7. 451 × 324 = _____

8. 39 × 70 = _____

9. 572 × 308 = _____

long division (pages 95-99)

10. 68 ÷ 4 = _____

11. 84 ÷ 5 = _____

12. 530 ÷ 5 = _____

13. 240 ÷ 15 = _____

Reproducible for non-commercial, classroom use only by Habakkuk Educational Materials

WORKSHEET #19 (Show your work in the boxes.)

addition and subtraction with regrouping (pages 86-89)

1. 581 + 746 = _____

2. 6252 + 587 = _____

3. 56 − 29 = _____

4. 408 − 39 = _____

multiplication with regrouping (pages 90-94)

5. 92 × 8 = _____

6. 59 × 46 = _____

7. 386 × 651 = _____

8. 43 × 60 = _____

9. 785 × 302 = _____

long division (pages 95-99)

10. 72 ÷ 6 = _____

11. 17 ÷ 6 = _____

12. 996 ÷ 4 = _____

13. 234 ÷ 18 = _____

WORKSHEET #20 (Show your work in the boxes.)
addition and subtraction with regrouping (pages 86-89)

1. 647 + 75 = _____

2. 5984 + 2328 = _____

3. 5624 − 351 = _____

4. 604 − 88 = _____

multiplication with regrouping (pages 90-94)

5. 77 × 6 = _____

6. 73 × 86 = _____

7. 672 × 865 = _____

8. 72 × 90 = _____

9. 592 × 305 = _____

long division (pages 95-99)

10. 92 ÷ 4 = _____

11. 59 ÷ 4 = _____

12. 924 ÷ 4 = _____

13. 176 ÷ 11 = _____

WORKSHEET #21 (Show your work in the boxes.)

addition and subtraction with regrouping (pages 86-89)

1. 143 + 674 = _____

2. 8431 + 394 = _____

3. 93 − 57 = _____

4. 206 − 78 = _____

multiplication with regrouping (pages 90-94)

5. 15 × 7 = _____

6. 37 × 74 = _____

7. 531 × 725 = _____

8. 52 × 70 = _____

9. 258 × 105 = _____

long division (pages 95-99)

10. 78 ÷ 6 = _____

11. 37 ÷ 8 = _____

12. 615 ÷ 5 = _____

13. 209 ÷ 11 = _____

WORKSHEET #22 (Show your work in the boxes.)

addition and subtraction with regrouping (pages 86-89)

1. 279 + 81 = _____

2. 7356 + 2479 = _____

3. 6428 − 795 = _____

4. 401 − 76 = _____

multiplication with regrouping (pages 90-94)

5. 93 × 4 = _____

6. 48 × 61 = _____

7. 923 × 356 = _____

8. 49 × 50 = _____

9. 773 × 306 = _____

long division (pages 95-99)

10. 98 ÷ 2 = _____

11. 83 ÷ 7 = _____

12. 882 ÷ 6 = _____

13. 450 ÷ 30 = _____

WORKSHEET #23 (Show your work in the boxes.)

addition and subtraction with regrouping (pages 86-89)

1. 724 + 958 = _____

2. 3538 + 971 = _____

3. 42 − 17 = _____

4. 903 − 54 = _____

multiplication with regrouping (pages 90-94)

5. 38 × 7 = _____

6. 13 × 86 = _____

7. 240 × 443 = _____

8. 29 × 90 = _____

9. 643 × 504 = _____

long division (pages 95-99)

10. 63 ÷ 3 = _____

11. 48 ÷ 9 = _____

12. 872 ÷ 4 = _____

13. 204 ÷ 12 = _____

WORKSHEET #24 (Show your work in the boxes.)

addition and subtraction with regrouping (pages 86-89)

1. 388 + 90 = _____

2. 7505 + 1496 = _____

3. 7951 − 683 = _____

4. 500 − 63 = _____

multiplication with regrouping (pages 90-94)

5. 59 × 3 = _____

6. 37 × 48 = _____

7. 385 × 154 = _____

8. 38 × 60 = _____

9. 751 × 209 = _____

long division (pages 95-99)

10. 60 ÷ 5 = _____

11. 75 ÷ 4 = _____

12. 805 ÷ 7 = _____

13. 325 ÷ 25 = _____

Reproducible for non-commercial, classroom use only by Habakkuk Educational Materials

WORKSHEET #25 (Show your work in the boxes.)

addition and subtraction with regrouping (pages 86-89)

1. 367 + 883 = _____

2. 1256 + 784 = _____

3. 56 − 28 = _____

4. 205 − 37 = _____

multiplication with regrouping (pages 90-94)

5. 42 × 7 = _____

6. 56 × 27 = _____

7. 690 × 754 = _____

8. 38 × 60 = _____

9. 936 × 708 = _____

long division (pages 95-99)

10. 84 ÷ 6 = _____

11. 31 ÷ 6 = _____

12. 830 ÷ 2 = _____

13. 160 ÷ 10 = _____

Reproducible for non-commercial, classroom use only by Habakkuk Educational Materials

WORKSHEET #26 (Show your work in the boxes.)

addition and subtraction with regrouping (pages 86-89)

1. 748 + 63 = _____

2. 6422 + 1738 = _____

3. 3556 − 278 = _____

4. 403 − 77 = _____

multiplication with regrouping (pages 90-94)

5. 64 × 9 = _____

6. 63 × 29 = _____

7. 673 × 352 = _____

8. 63 × 50 = _____

9. 604 × 507 = _____

long division (pages 95-99)

10. 76 ÷ 4 = _____

11. 92 ÷ 6 = _____

12. 710 ÷ 5 = _____

13. 176 ÷ 16 = _____

WORKSHEET #27 (Show your work in the boxes.)

addition and subtraction with regrouping (pages 86-89)

1. 851 + 729 = _____

2. 7452 + 981 = _____

3. 32 − 15 = _____

4. 801 − 58 = _____

multiplication with regrouping (pages 90-94)

5. 74 × 5 = _____

6. 28 × 46 = _____

7. 483 × 932 = _____

8. 29 × 70 = _____

9. 584 × 605 = _____

long division (pages 95-99)

10. 81 ÷ 3 = _____

11. 17 ÷ 4 = _____

12. 921 ÷ 3 = _____

13. 252 ÷ 21 = _____

WORKSHEET #28 (Show your work in the boxes.)

addition and subtraction with regrouping (pages 86-89)

1. 471 + 83 = _____

2. 6973 + 2559 = _____

3. 5266 − 197 = _____

4. 601 − 34 = _____

multiplication with/without regrouping (pages 90-94)

5. 58 × 7 = _____

6. 48 × 56 = _____

7. 507 × 934 = _____

8. 49 × 10 = _____

9. 762 × 604 = _____

long division (pages 95-99)

10. 69 ÷ 3 = _____

11. 63 ÷ 4 = _____

12. 875 ÷ 7 = _____

13. 338 ÷ 26 = _____

Reproducible for non-commercial, classroom use only by Habakkuk Educational Materials

WORKSHEET #29 (Show your work in the boxes.)
addition and subtraction with regrouping (pages 86-89)

1. 184 + 579 = _____

2. 7315 + 395 = _____

3. 67 − 29 = _____

4. 905 − 56 = _____

multiplication with regrouping (pages 90-94)

5. 18 × 4 = _____

6. 97 × 35 = _____

7. 713 × 622 = _____

8. 75 × 40 = _____

9. 503 × 604 = _____

long division (pages 95-99)

10. 90 ÷ 5 = _____

11. 42 ÷ 9 = _____

12. 852 ÷ 4 = _____

13. 270 ÷ 18 = _____

Reproducible for non-commercial, classroom use only by Habakkuk Educational Materials

WORKSHEET #30 (Show your work in the boxes.)

addition and subtraction with regrouping (pages 86-89)

1. 725 + 49 = _____

2. 1748 + 4835 = _____

3. 8936 − 719 = _____

4. 803 − 55 = _____

multiplication with regrouping (pages 90-94)

5. 77 × 4 = _____

6. 95 × 38 = _____

7. 752 × 265 = _____

8. 57 × 30 = _____

9. 438 × 103 = _____

long division (pages 95-99)

10. 96 ÷ 4 = _____

11. 93 ÷ 6 = _____

12. 216 ÷ 2 = _____

13. 312 ÷ 13 = _____

WORKSHEET #31 (Show your work in the boxes.)

addition and subtraction with regrouping (pages 86-89)

1. 529 + 418 = _____	2. 2813 + 697 = _____
3. 35 − 17 = _____	4. 503 − 47 = _____

multiplication with regrouping (pages 90-94)

5. 54 × 7 = _____ 6. 74 × 25 = _____ 7. 485 × 223 = _____	8. 63 × 90 = _____ 9. 320 × 907 = _____

long division (pages 95-99)

10. 84 ÷ 7 = _____ 11. 50 ÷ 8 = _____	12. 915 ÷ 3 = _____ 13. 286 ÷ 22 = _____

WORKSHEET #32 (Show your work in the boxes.)

addition and subtraction with regrouping (pages 86-89)

1. 683 + 28 = _____

2. 5073 + 2556 = _____

3. 1794 − 537 = _____

4. 607 − 59 = _____

multiplication with regrouping (pages 90-94)

5. 83 × 5 = _____

6. 73 × 47 = _____

7. 946 × 165 = _____

8. 27 × 60 = _____

9. 250 × 705 = _____

long division (pages 95-99)

10. 72 ÷ 3 = _____

11. 53 ÷ 4 = _____

12. 872 ÷ 4 = _____

13. 399 ÷ 19 = _____

WORKSHEET #33 (Show your work in the boxes.)

addition and subtraction with regrouping (pages 86-89)

1. 459 + 732 = _____

2. 2528 + 335 = _____

3. 46 − 29 = _____

4. 301 − 55 = _____

Multiplication with regrouping (pages 90-94)

5. 36 × 4 = _____

6. 37 × 49 = _____

7. 742 × 583 = _____

8. 24 × 70 = _____

9. 574 × 109 = _____

long division (pages 95-99)

10. 48 ÷ 3 = _____

11. 61 ÷ 7 = _____

12. 790 ÷ 5 = _____

13. 242 ÷ 22 = _____

WORKSHEET #34 (Show your work in the boxes.)
addition and subtraction with regrouping (pages 86-89)

1. 183 + 67 = _____

2. 4489 + 5265 = _____

3. 2577 − 398 = _____

4. 901 − 45 = _____

multiplication with regrouping (pages 90-94)

5. 76 × 7 = _____

6. 95 × 62 = _____

7. 238 × 655 = _____

8. 44 × 80 = _____

9. 694 × 208 = _____

long division (pages 95-99)

10. 90 ÷ 6 = _____

11. 86 ÷ 7 = _____

12. 915 ÷ 3 = _____

13. 308 ÷ 14 = _____

Reproducible for non-commercial, classroom use only by Habakkuk Educational Materials

WORKSHEET #35 (Show your work in the boxes.)
addition and subtraction with regrouping (pages 86-89)

1. 907 + 394 = _____	2. 4771 + 652 = _____
3. 73 − 26 = _____	4. 208 − 49 = _____

multiplication with regrouping (pages 90-94)

5. 67 × 5 = _____ 6. 74 × 46 = _____ 7. 524 × 765 = _____	8. 63 × 90 = _____ 9. 283 × 305 = _____

long division (pages 95-99)

10. 96 ÷ 6 = _____ 11. 32 ÷ 5 = _____	12. 952 ÷ 4 = _____ 13. 544 ÷ 17 = _____

WORKSHEET #36 (Show your work in the boxes.)
addition and subtraction with regrouping (pages 86-89)

1. 740 + 95 = _____	2. 3058 + 6435 = _____
3. 1745 − 469 = _____	4. 603 − 57 = _____

multiplication with regrouping (pages 90-94)

5. 46 × 9 = _____ 6. 76 × 43 = _____ 7. 750 × 793 = _____	8. 56 × 30 = _____ 9. 583 × 402 = _____

long division (pages 95-99)

10. 70 ÷ 5 = _____ 11. 59 ÷ 4 = _____	12. 645 ÷ 3 = _____ 13. 156 ÷ 13 = _____

WORKSHEET #37 (Show your work in the boxes.)

addition and subtraction with regrouping (pages 86-89)

1. $285 + 497 = $ _____

2. $8659 + 734 = $ _____

3. $45 - 18 = $ _____

4. $507 - 38 = $ _____

multiplication with regrouping (pages 90-94)

5. $46 \times 3 = $ _____

6. $98 \times 72 = $ _____

7. $712 \times 355 = $ _____

8. $15 \times 70 = $ _____

9. $452 \times 603 = $ _____

long division (pages 95-99)

10. $52 \div 4 = $ _____

11. $17 \div 3 = $ _____

12. $975 \div 3 = $ _____

13. $180 \div 15 = $ _____

WORKSHEET #38 (Show your work in the boxes.)
addition and subtraction with regrouping (pages 86-89)

1. 238 + 53 = _____

2. 5680 + 3944 = _____

3. 9452 − 276 = _____

4. 306 − 78 = _____

multiplication with regrouping (pages 90-94)

5. 63 × 7 = _____

6. 54 × 38 = _____

7. 402 × 731 = _____

8. 72 × 50 = _____

9. 647 × 304 = _____

long division (pages 95-99)

10. 56 ÷ 4 = _____

11. 85 ÷ 7 = _____

12. 956 ÷ 4 = _____

13. 294 ÷ 14 = _____

Worksheets for Grades 6 and Up

Name: _____   Time: _____

WORKSHEET #39

There are two rules for **adding integers**.
1. If the integers have the same signs, add the numbers; then record the sign of the numbers you added in the sum.
2. If the integers have <u>different signs</u>, pretend momentarily that they have no sign at all. Then, subtract the smaller number from the larger number and record the sign from the largest number. (Remember that if there is no sign, the number is positive. Also remember that zero is not positive or negative.)

$9 + {}^-4 =$	$2 + {}^-4 =$	${}^-1 + {}^-1 =$	${}^-1 + {}^-4 =$	${}^-2 + 2 =$
${}^-6 + 8 =$	$3 + {}^-3 =$	${}^-1 + 3 =$	${}^-5 + {}^-5 =$	${}^-5 + {}^-4 =$
${}^-3 + 9 =$	${}^-2 + 5 =$	$2 + {}^-8 =$	${}^-8 + 3 =$	${}^-1 + {}^-7 =$
${}^-3 + {}^-5 =$	${}^-5 + 6 =$	${}^-3 + {}^-8 =$	$2 + {}^-1 =$	$8 + {}^-9 =$
${}^-3 + {}^-2 =$	${}^-4 + {}^-7 =$	${}^-4 + 3 =$	$3 + {}^-6 =$	$6 + {}^-5 =$
${}^-3 + 4 =$	${}^-6 + {}^-6 =$	$4 + {}^-5 =$	${}^-2 + 9 =$	${}^-1 + 6 =$
$1 + {}^-8 =$	${}^-8 + 2 =$	${}^-5 + {}^-7 =$	${}^-4 + 6 =$	${}^-3 + 1 =$
${}^-4 + 4 =$	$4 + {}^-2 =$	${}^-8 + {}^-4 =$	${}^-5 + {}^-3 =$	${}^-4 + 9 =$
${}^-7 + 5 =$	$1 + {}^-5 =$	$7 + {}^-6 =$	${}^-9 + {}^-2 =$	${}^-7 + {}^-7 =$
$7 + {}^-2 =$	${}^-1 + 9 =$	${}^-8 + 1 =$	$5 + {}^-8 =$	$2 + {}^-7 =$
${}^-4 + {}^-1 =$	${}^-9 + {}^-3 =$	${}^-5 + 2 =$	$6 + {}^-4 =$	$6 + {}^-3 =$
${}^-2 + {}^-3 =$	${}^-8 + {}^-5 =$	${}^-7 + 9 =$	${}^-8 + 6 =$	$7 + {}^-8 =$
$8 + {}^-7 =$	$7 + {}^-1 =$	${}^-8 + {}^-8 =$	${}^-9 + {}^-1 =$	${}^-5 + 9 =$
$6 + {}^-7 =$	$5 + {}^-1 =$	${}^-6 + {}^-9 =$	${}^-6 + {}^-2 =$	${}^-2 + {}^-6 =$
${}^-7 + 3 =$	$4 + {}^-8 =$	$9 + {}^-5 =$	${}^-6 + {}^-1 =$	${}^-9 + {}^-6 =$
${}^-3 + 7 =$	${}^-9 + 7 =$	${}^-7 + 4 =$	$9 + {}^-8 =$	$1 + {}^-2 =$
${}^-9 + {}^-9 =$				

Reproducible for non-commercial, classroom use only by Habakkuk Educational Materials

Name: _____ **Time:** _____

WORKSHEET #40

There are two rules for **adding integers**.
1. If the integers have the same signs, add the numbers; then record the sign of the numbers you added in the sum.
2. If the integers have different signs, pretend momentarily that they have no sign at all. Then, subtract the smaller number from the larger number and record the sign from the largest number. (Remember that if there is no sign, the number is positive. Also remember that zero is not positive or negative.)

(−9) + 4 =	(−7) + 1 =	1 + (−1) =	2 + (−6) =	−2 + −2 =
1 + (−4) =	(−3) + 3 =	6 + (−9) =	5 + (−5) =	−2 + −5 =
−3 + −9 =	(−1) + 5 =	(−2) + 8 =	(−2) + 7 =	1 + (−7) =
(−6) + 7 =	−5 + −6 =	(−3) + 6 =	(−2) + 1 =	(−7) + 2 =
3 + (−2) =	9 + (−3) =	−4 + −3 =	9 + (−2) =	(−6) + 5 =
(−6) + 4 =	6 + (−6) =	−8 + −1 =	−2 + −9 =	(−4) + 5 =
(−1) + 8 =	−8 + −2 =	5 + (−7) =	(−7) + 8 =	−3 + −1 =
5 + (−4) =	(−4) + 2 =	4 + (−7) =	5 + (−3) =	2 + (−3) =
−7 + −5 =	(−4) + 8 =	(−7) + 6 =	(−2) + 4 =	7 + (−7) =
9 + (−1) =	−1 + −9 =	−4 + −4 =	(−5) + 8 =	3 + (−5) =
4 + (−1) =	−7 + −9 =	−5 + −2 =	3 + (−8) =	(−6) − 3 =
−3 + −4 =	8 + (−5) =	−4 + −6 =	−8 + −6 =	−1 + −6 =
(−8) + 7 =	(−1) + 2 =	8 + (−8) =	8 + (−4) =	−5 + −9 =
−1 + −3 =	(−5) + 1 =	−3 + −7 =	6 + (−2) =	(−8) + 9 =
−7 + −3 =	−4 + −9 =	(−9) + 5 =	−8 + −3 =	9 + (−6) =
−6 + −8 =	−9 + −7 =	−7 + −4 =	(−9) + 8 =	6 + (−1) =
9 + (−9) =				

Name: _____   Time: _____

WORKSHEET #41

There are two rules for **adding integers**.
1. If the integers have the same signs, add the numbers; then record the sign of the numbers you added in the sum.
2. If the integers have <u>different signs</u>, pretend momentarily that they have no sign at all. Then, subtract the smaller number from the larger number and record the sign from the largest number. (Remember that if there is no sign, the number is positive. Also remember that zero is not positive or negative.)

⁻9 + ⁻4 =	⁻7 + ⁻1 =	⁻1 + 1 =	⁻6 + ⁻7 =	2 + ⁻2 =
⁻6 + 9 =	⁻3 + ⁻3 =	⁻8 + ⁻9 =	⁻5 + 5 =	⁻3 + ⁻6 =
3 + ⁻9 =	6 + ⁻8 =	⁻2 + ⁻8 =	1 + ⁻3 =	⁻1 + 7 =
⁻3 + 8 =	5 + ⁻6 =	⁻1 + ⁻5 =	⁻2 + ⁻1 =	⁻1 + 4 =
⁻3 + 2 =	8 + ⁻3 =	4 + ⁻3 =	⁻9 + 1 =	⁻6 + ⁻5 =
⁻2 + ⁻7 =	⁻6 + 6 =	⁻9 + 3 =	2 + ⁻9 =	⁻3 + 5 =
⁻1 + ⁻8 =	⁻9 + 2 =	⁻5 + 7 =	⁻2 + 6 =	3 + ⁻1 =
⁻5 + 4 =	⁻4 + ⁻2 =	2 + ⁻5 =	⁻5 + 3 =	⁻6 + 1 =
7 + ⁻5 =	⁻2 + ⁻4 =	⁻7 + ⁻6 =	1 + ⁻6 =	⁻7 + 7 =
⁻2 + 3 =	1 + ⁻9 =	4 + ⁻4 =	⁻5 + ⁻8 =	8 + ⁻2 =
⁻4 + 1 =	⁻4 + ⁻5 =	5 + ⁻2 =	⁻7 + ⁻8 =	⁻6 + ⁻3 =
⁻7 + ⁻2 =	⁻8 + 5 =	4 + ⁻6 =	8 + ⁻6 =	3 + ⁻4 =
⁻8 + ⁻7 =	⁻8 + 4 =	⁻8 + 8 =	8 + ⁻1 =	5 + ⁻9 =
⁻6 + ⁻4 =	⁻5 + ⁻1 =	3 + ⁻7 =	⁻6 + 2 =	⁻1 + ⁻2 =
7 + ⁻3 =	7 + ⁻9 =	⁻9 + ⁻5 =	⁻4 + ⁻8 =	⁻9 + 6 =
4 + ⁻9 =	9 + ⁻7 =	7 + ⁻4 =	⁻9 + ⁻8 =	⁻4 + 7 =
⁻9 + 9 =				

Reproducible for non-commercial, classroom use only by Habakkuk Educational Materials

Name: _____   Time: _____

WORKSHEET #42

Directions: Subtract the integers.

There's only one rule for **subtracting integers**, and that is that you add the opposite.

9 − ⁻7 =	⁻7 − 5 =	⁻11 − ⁻5 =	9 − ⁻4 =	⁻13 − 9 =
10 − ⁻3 =	15 − ⁻6 =	⁻11 − ⁻7 =	⁻1 − ⁻1 =	8 − ⁻7 =
⁻10 − 4 =	⁻10 − 6 =	11 − ⁻6 =	⁻6 − 3 =	⁻13 − ⁻5 =
⁻8 − 2 =	⁻15 − 9 =	⁻8 − 4 =	2 − ⁻2 =	4 − ⁻1 =
⁻12 − ⁻3 =	⁻7 − ⁻3 =	⁻13 − 8 =	5 − ⁻3 =	15 − ⁻7 =
⁻13 − 4 =	⁻3 − ⁻3 =	⁻10 − 7 =	⁻10 − 5 =	⁻6 − 2 =
12 − ⁻9 =	⁻3 − ⁻2 =	⁻13 − ⁻6 =	10 − ⁻1 =	⁻15 − 8 =
⁻11 − 3 =	4 − ⁻4 =	⁻6 − ⁻4 =	⁻12 − ⁻4 =	⁻4 − ⁻3 =
⁻13 − 7 =	8 − ⁻5 =	16 − ⁻7 =	10 − ⁻2 =	⁻5 − ⁻5 =
14 − ⁻7 =	⁻11 − 9 =	8 − ⁻6 =	12 − ⁻8 =	⁻5 − ⁻1 =
⁻14 − ⁻5 =	⁻5 − ⁻2 =	⁻16 − 9 =	⁻9 − ⁻6 =	6 − ⁻6 =
5 − ⁻4 =	⁻12 − ⁻5 =	4 − ⁻2 =	⁻14 − 9 =	⁻10 − ⁻9 =
16 − ⁻8 =	⁻10 − ⁻8 =	⁻7 − ⁻7 =	⁻11 − 4 =	⁻11 − 8 =
⁻8 − 1 =	12 − ⁻7 =	⁻8 − 3 =	⁻14 − ⁻6 =	9 − ⁻1 =
⁻17 − 8 =	⁻9 − ⁻5 =	8 − ⁻8 =	⁻6 − ⁻5 =	⁻12 − ⁻6 =
⁻18 − ⁻9 =	⁻14 − 8 =	⁻11 − 2 =	17 − ⁻9 =	⁻7 − 6 =
⁻9 − ⁻9 =	⁻7 − ⁻1 =	⁻2 − 1 =	⁻7 − ⁻2 =	6 − ⁻1 =
3 − ⁻1 =	⁻7 − ⁻4 =	9 − ⁻3 =	⁻9 − 2 =	⁻9 − 8 =

Name: _____   Time: _____

WORKSHEET #43

Directions: Subtract the integers.

There's only one rule for **subtracting integers**, and that is that you add the opposite.

(−9) − 7 =	⁻10 − ⁻6 =	11 − (−5) =	10 − (−9) =	⁻13 − ⁻9 =
18 − (−9) =	−15 − 6 =	⁻11 − ⁻2 =	1 − (−1) =	7 − (−2) =
⁻10 − ⁻4 =	9 − (−5) =	−11 − 6 =	5 − (−2) =	13 − (−5) =
6 − (−4) =	⁻15 − ⁻9 =	⁻6 − ⁻3 =	(−2) − 2 =	4 − (−3) =
12 − (−3) =	−10 − 1 =	⁻13 − ⁻8 =	⁻8 − ⁻3 =	−15 − 7 =
⁻8 − ⁻2 =	3 − (−3) =	7 − (−1) =	⁻10 − ⁻5 =	(−4) − 2 =
−12 − 9 =	(−8) − 7 =	13 − (−6) =	11 − (−7) =	⁻15 − ⁻8 =
3 − (−2) =	(−4) − 4 =	(−9) − 4 =	12 − (−4) =	⁻6 − ⁻2 =
⁻13 − ⁻7 =	⁻10 − ⁻7 =	−16 − 7 =	−8 − 6 =	5 − (−5) =
9 − (−6) =	⁻11 − ⁻9 =	10 − (−8) =	−12 − 8 =	−10 − 2 =
14 − (−5) =	(−4) − 1 =	⁻16 − ⁻9 =	7 − (−3) =	−6 − 6 =
⁻11 − ⁻3 =	12 − (−5) =	⁻8 − ⁻1 =	⁻14 − ⁻9 =	⁻7 − ⁻6 =
−16 − 8 =	−14 − 7 =	7 − (−7) =	(−5) − 4 =	⁻11 − ⁻8 =
6 − (−5) =	−12 − 7 =	5 − (−1) =	14 − (−6) =	−9 − 3 =
⁻17 − ⁻8 =	(−8) − 5 =	(−8) − 8 =	⁻8 − ⁻4 =	12 − (−6) =
(−5) − 3 =	⁻14 − ⁻8 =	⁻13 − ⁻4 =	−17 − 9 =	−9 − 1 =
9 − (−9) =	−10 − 3 =	⁻2 − ⁻1 =	(−3) − 1 =	(−6) − 1 =
⁻9 − ⁻8 =	7 − (−4) =	⁻7 − ⁻5 =	⁻9 − ⁻2 =	⁻11 − ⁻4 =

Reproducible for non-commercial, classroom use only by Habakkuk Educational Materials

Name: _____   Time: _____

WORKSHEET #44

Directions: Subtract the integers.

There's only one rule for **subtracting integers**, and that is that you add the opposite.

⁻9 − ⁻7 =	⁻7 − 1 =	⁻11 − 5 =	⁻6 − 4 =	13 − ⁻9 =
⁻9 − 5 =	⁻15 − ⁻6 =	⁻5 − 1 =	⁻1 − 1 =	⁻4 − 3 =
10 − ⁻4 =	⁻6 − 5 =	⁻11 − ⁻6 =	⁻18 − 9 =	⁻13 − 5 =
⁻8 − ⁻7 =	15 − ⁻9 =	10 − ⁻7 =	⁻2 − ⁻2 =	⁻11 − 7 =
⁻12 − 3 =	6 − ⁻3 =	13 − ⁻8 =	⁻3 − ⁻1 =	⁻15 − ⁻7 =
10 − ⁻6 =	⁻3 − 3 =	8 − ⁻2 =	10 − ⁻5 =	8 − ⁻3 =
⁻12 − ⁻9 =	⁻8 − ⁻5 =	⁻13 − 6 =	⁻9 − ⁻3 =	15 − ⁻8 =
⁻5 − ⁻3 =	⁻4 − ⁻4 =	⁻10 − ⁻3 =	⁻12 − 4 =	⁻7 − 2 =
13 − ⁻7 =	⁻9 − 6 =	⁻16 − ⁻7 =	13 − ⁻4 =	⁻5 − 5 =
⁻10 − ⁻1 =	11 − ⁻9 =	6 − ⁻2 =	⁻12 − ⁻8 =	11 − ⁻2 =
⁻14 − 5 =	8 − ⁻4 =	⁻6 − ⁻9 =	⁻10 − 9 =	⁻6 − ⁻6 =
⁻5 − 2 =	⁻12 − 5 =	⁻9 − ⁻4 =	14 − ⁻9 =	⁻10 − ⁻2 =
⁻16 − ⁻8 =	⁻4 − ⁻1 =	⁻7 − 7 =	11 − ⁻4 =	11 − ⁻8 =
⁻10 − 8 =	⁻12 − ⁻7 =	7 − ⁻6 =	⁻14 − 6 =	⁻8 − ⁻6 =
17 − ⁻8 =	⁻3 − 2 =	⁻8 − ⁻8 =	⁻5 − ⁻4 =	⁻12 − 6 =
11 − ⁻3 =	14 − ⁻8 =	7 − ⁻5 =	⁻17 − ⁻9 =	⁻4 − ⁻2 =
⁻9 − 9 =	9 − ⁻8 =	2 − ⁻1 =	⁻7 − 3 =	⁻6 − ⁻1 =
8 − ⁻1 =	⁻7 − 4 =	⁻14 − ⁻7 =	9 − ⁻2 =	⁻9 − ⁻1 =

Reproducible for non-commercial, classroom use only by Habakkuk Educational Materials

Name: _____   Time: _____

WORKSHEET #45

Directions: Multiply the integers.

There are two rules for **multiplying and dividing integers**.
1. Two positives equal a positive, and two negatives equal a positive.
2. A positive and a negative equal a negative. (Remember that if there is no sign, the number is positive. Also remember that zero is not positive or negative.)

9 × ⁻4 =	⁻8 × ⁻3 =	5 × ⁻7 =	⁻7 × ⁻2 =	2 × ⁻2 =
⁻9 × ⁻2 =	⁻3 × 3 =	⁻4 × ⁻4 =	⁻5 × ⁻4 =	⁻1 × ⁻2 =
⁻3 × 9 =	⁻8 × ⁻4 =	2 × ⁻8 =	⁻3 × ⁻4 =	⁻3 × ⁻8 =
⁻4 × ⁻5 =	5 × ⁻6 =	⁻1 × ⁻4 =	⁻2 × 1 =	⁻8 × ⁻2 =
7 × ⁻7 =	⁻7 × ⁻1 =	⁻4 × 3 =	8 × ⁻5 =	6 × ⁻5 =
⁻1 × ⁻3 =	5 × ⁻5 =	⁻2 × ⁻4 =	2 × ⁻9 =	⁻9 × ⁻1 =
⁻1 × 8 =	⁻4 × ⁻6 =	⁻4 × ⁻7 =	⁻6 × ⁻7 =	⁻3 × 1 =
⁻8 × 8 =	4 × ⁻2 =	⁻8 × ⁻1 =	9 × ⁻9 =	⁻6 × ⁻4 =
7 × ⁻5 =	⁻9 × ⁻3 =	⁻7 × 6 =	⁻2 × ⁻5 =	⁻2 × ⁻6 =
⁻3 × ⁻6 =	⁻1 × 9 =	⁻4 × 1 =	5 × ⁻8 =	⁻6 × ⁻8 =
6 × ⁻2 =	⁻7 × ⁻8 =	5 × ⁻2 =	⁻5 × 3 =	⁻6 × 3 =
⁻7 × ⁻4 =	⁻1 × 1 =	⁻1 × ⁻5 =	⁻8 × 6 =	⁻6 × 6 =
8 × ⁻7 =	⁻3 × ⁻7 =	⁻3 × ⁻5 =	⁻4 × ⁻8 =	5 × ⁻9 =
⁻2 × ⁻3 =	⁻5 × 1 =	⁻7 × ⁻9 =	⁻6 × ⁻9 =	⁻8 × ⁻9 =
⁻7 × 3 =	⁻9 × 6 =	9 × ⁻5 =	⁻1 × ⁻6 =	⁻1 × 7 =
⁻2 × ⁻7 =	9 × ⁻7 =	3 × ⁻2 =	⁻9 × 8 =	⁻4 × ⁻9 =
⁻6 × ⁻1 =				

Name: _____   Time: _____

WORKSHEET #46

Directions: Multiply the integers.

There are two rules for **multiplying and dividing integers**.
1. Two positives equal a positive, and two negatives equal a positive.
2. A positive and a negative equal a negative. (Remember that if there is no sign, the number is positive. Also remember that zero is not positive or negative.)

−9 × −4 =	−8 × 3 =	−1 × 4 =	7 × −2 =	−2 × −2 =
−5 × −7 =	−3 × −3 =	4 × −4 =	−9 × −6 =	−1 × 2 =
−3 × −9 =	−6 × −6 =	−2 × −8 =	−3 × 4 =	9 × −2 =
4 × −5 =	−5 × −6 =	−3 × 8 =	−2 × −1 =	8 × −2 =
2 × −3 =	−7 × 1 =	−4 × −3 =	5 × −4 =	−6 × −5 =
−1 × 3 =	−8 × −8 =	2 × −4 =	−2 × −9 =	−3 × −2 =
−1 × −8 =	4 × −6 =	2 × −6 =	−6 × 7 =	−3 × −1 =
−1 × −7 =	−4 × −2 =	−8 × 1 =	8 × −4 =	6 × −4 =
−7 × −5 =	−9 × −9 =	−7 × −6 =	2 × −5 =	−5 × −3 =
−3 × 6 =	−1 × −9 =	−1 × −1 =	−5 × −8 =	−6 × 8 =
−3 × 5 =	7 × −8 =	−5 × −2 =	−9 × 3 =	−6 × −3 =
7 × −4 =	−8 × −5 =	−1 × 5 =	−8 × −6 =	−5 × −5 =
−8 × −7 =	−3 × 7 =	−6 × −2 =	4 × −8 =	−5 × −9 =
−6 × 9 =	−5 × −1 =	7 × −9 =	−6 × 1 =	−8 × 5 =
−7 × −3 =	4 × −7 =	−9 × −5 =	−1 × 6 =	−7 × −7 =
2 × −7 =	−9 × −7 =	−9 × 1 =	−9 × −8 =	4 × −9 =
−4 × −1 =				

WORKSHEET #47

Directions: Divide the integers.

There are two rules for **multiplying and dividing integers**.
1. Two positives equal a positive, and two negatives equal a positive.
2. A positive and a negative equal a negative. (Remember that if there is no sign, the number is positive. Also remember that zero is not positive or negative.)

20 ÷ ⁻5 =	⁻1 ÷ ⁻1 =	⁻36 ÷ 9 =	⁻7 ÷ ⁻1 =	48 ÷ ⁻6 =
⁻72 ÷ ⁻9 =	⁻2 ÷ 2 =	⁻21 ÷ ⁻3 =	⁻15 ÷ ⁻5 =	⁻32 ÷ ⁻8 =
⁻14 ÷ 2 =	⁻36 ÷ 6 =	21 ÷ ⁻7 =	⁻3 ÷ ⁻3 =	8 ÷ ⁻1 =
⁻9 ÷ ⁻1 =	49 ÷ ⁻7 =	⁻45 ÷ 9 =	⁻4 ÷ 4 =	⁻24 ÷ ⁻3 =
6 ÷ ⁻3 =	⁻35 ÷ ⁻7 =	⁻15 ÷ 3 =	10 ÷ ⁻2 =	24 ÷ ⁻8 =
⁻5 ÷ ⁻5 =	4 ÷ ⁻2 =	⁻6 ÷ ⁻2 =	54 ÷ ⁻9 =	⁻32 ÷ 4 =
⁻6 ÷ 6 =	⁻24 ÷ ⁻4 =	⁻20 ÷ ⁻4 =	⁻36 ÷ ⁻4 =	⁻16 ÷ 4 =
⁻56 ÷ ⁻7 =	24 ÷ ⁻6 =	⁻7 ÷ ⁻7 =	⁻63 ÷ ⁻7 =	⁻8 ÷ ⁻2 =
56 ÷ ⁻8 =	⁻48 ÷ ⁻8 =	⁻8 ÷ 8 =	⁻25 ÷ ⁻5 =	⁻14 ÷ ⁻7 =
⁻40 ÷ ⁻5 =	⁻16 ÷ 8 =	8 ÷ ⁻4 =	27 ÷ ⁻3 =	⁻9 ÷ ⁻9 =
12 ÷ ⁻3 =	⁻9 ÷ ⁻3 =	63 ÷ ⁻9 =	⁻18 ÷ ⁻2 =	⁻2 ÷ 1 =
⁻27 ÷ ⁻9 =	12 ÷ ⁻2 =	⁻42 ÷ ⁻6 =	⁻18 ÷ 9 =	⁻54 ÷ ⁻6 =
28 ÷ ⁻4 =	⁻3 ÷ ⁻1 =	⁻16 ÷ ⁻2 =	⁻10 ÷ ⁻5 =	72 ÷ ⁻8 =
⁻18 ÷ ⁻3 =	⁻4 ÷ 1 =	⁻28 ÷ ⁻7 =	⁻64 ÷ ⁻8 =	⁻45 ÷ ⁻5 =
⁻18 ÷ 6 =	⁻12 ÷ ⁻4 =	30 ÷ ⁻5 =	⁻5 ÷ ⁻1 =	⁻35 ÷ 5 =
⁻12 ÷ ⁻6 =	81 ÷ ⁻9 =	⁻42 ÷ 7 =	⁻6 ÷ 1 =	⁻30 ÷ ⁻6 =
⁻40 ÷ 8 =				

Name: _____ **Time:** _____

WORKSHEET #48

Directions: Divide the integers.

There are two rules for **multiplying and dividing integers**.
1. Two positives equal a positive, and two negatives equal a positive.
2. A positive and a negative equal a negative. (Remember that if there is no sign, the number is positive. Also remember that zero is not positive or negative.)

−20 ÷ −5 =	−1 ÷ 1 =	−36 ÷ −6 =	7 ÷ −1 =	−48 ÷ −6 =
−45 ÷ −9 =	−2 ÷ −2 =	21 ÷ −3 =	−15 ÷ 5 =	−32 ÷ 8 =
−14 ÷ −2 =	−16 ÷ 2 =	−21 ÷ −7 =	−3 ÷ 3 =	−20 ÷ 4 =
9 ÷ −1 =	−49 ÷ −7 =	−4 ÷ −2 =	−4 ÷ −4 =	24 ÷ −3 =
72 ÷ −9 =	−35 ÷ 7 =	−15 ÷ −3 =	48 ÷ −8 =	−24 ÷ −8 =
−5 ÷ 5 =	−42 ÷ −7 =	6 ÷ −2 =	−54 ÷ −9 =	−14 ÷ 7 =
−6 ÷ −6 =	24 ÷ −4 =	63 ÷ −7 =	−36 ÷ 4 =	−16 ÷ −4 =
−40 ÷ −8 =	−24 ÷ −6 =	−7 ÷ 7 =	54 ÷ −6 =	8 ÷ −2 =
−56 ÷ −8 =	−6 ÷ −3 =	−8 ÷ −8 =	25 ÷ −5 =	64 ÷ −8 =
−40 ÷ 5 =	−16 ÷ −8 =	56 ÷ −7 =	−27 ÷ −3 =	−9 ÷ 9 =
−10 ÷ −2 =	9 ÷ −3 =	−63 ÷ −9 =	−18 ÷ 2 =	−2 ÷ −1 =
27 ÷ −9 =	−36 ÷ −9 =	−42 ÷ 6 =	−18 ÷ −9 =	−8 ÷ −1 =
−28 ÷ −4 =	−3 ÷ 1 =	−12 ÷ −3 =	10 ÷ −5 =	−72 ÷ −8 =
−32 ÷ −4 =	−4 ÷ −1 =	28 ÷ −7 =	−35 ÷ −5 =	−45 ÷ 5 =
−18 ÷ −6 =	−18 ÷ 3 =	−30 ÷ −5 =	−5 ÷ 1 =	−8 ÷ −4 =
12 ÷ −6 =	−81 ÷ −9 =	−12 ÷ 4 =	−6 ÷ −1 =	30 ÷ −6 =
−12 ÷ −2 =				

Worksheets for Elementary Students

Name: _____

Digital Time

Directions: What time is illustrated on the demonstration clock? Write the number for the little (hour) hand first; then write the number of minutes.

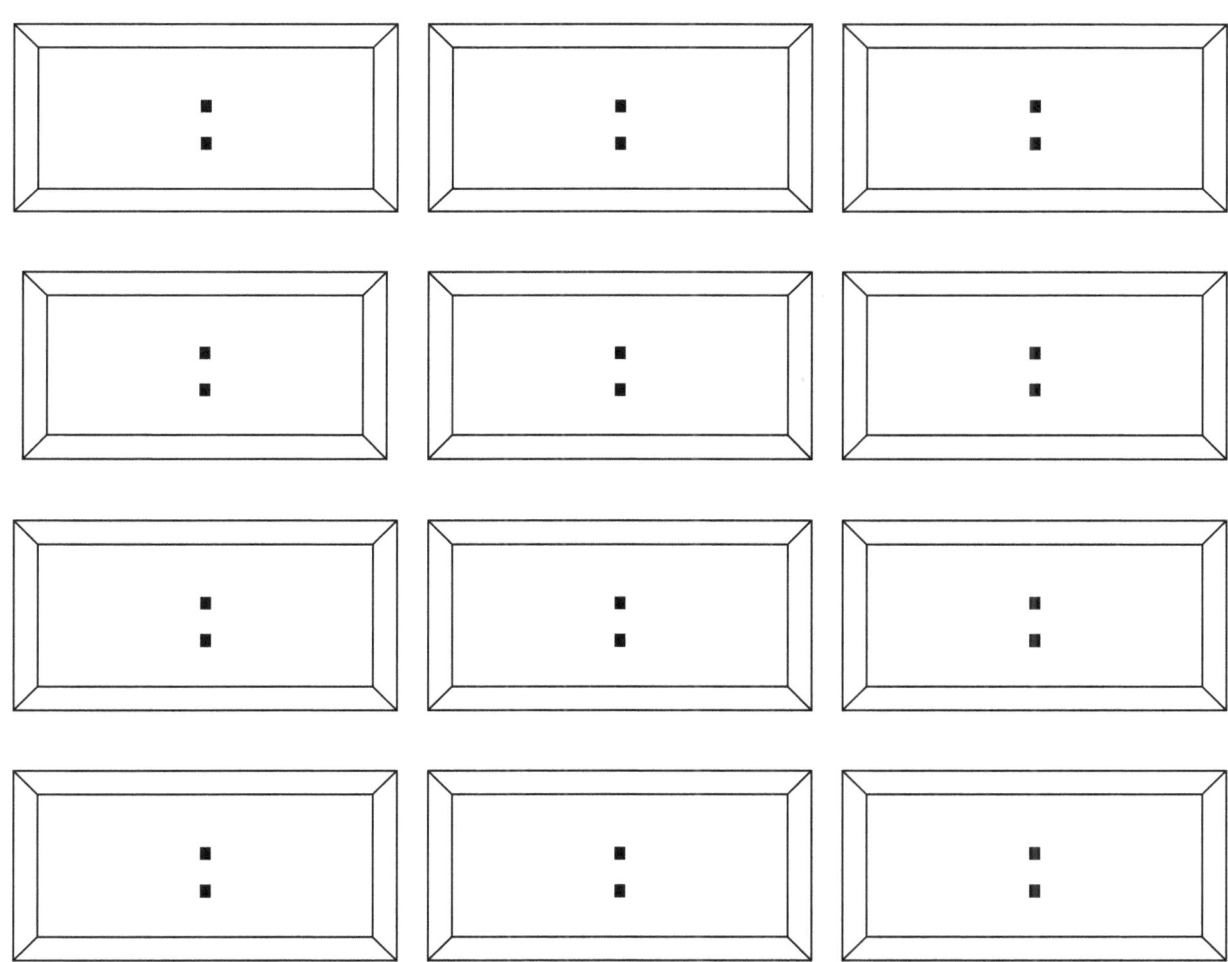

Symmetry

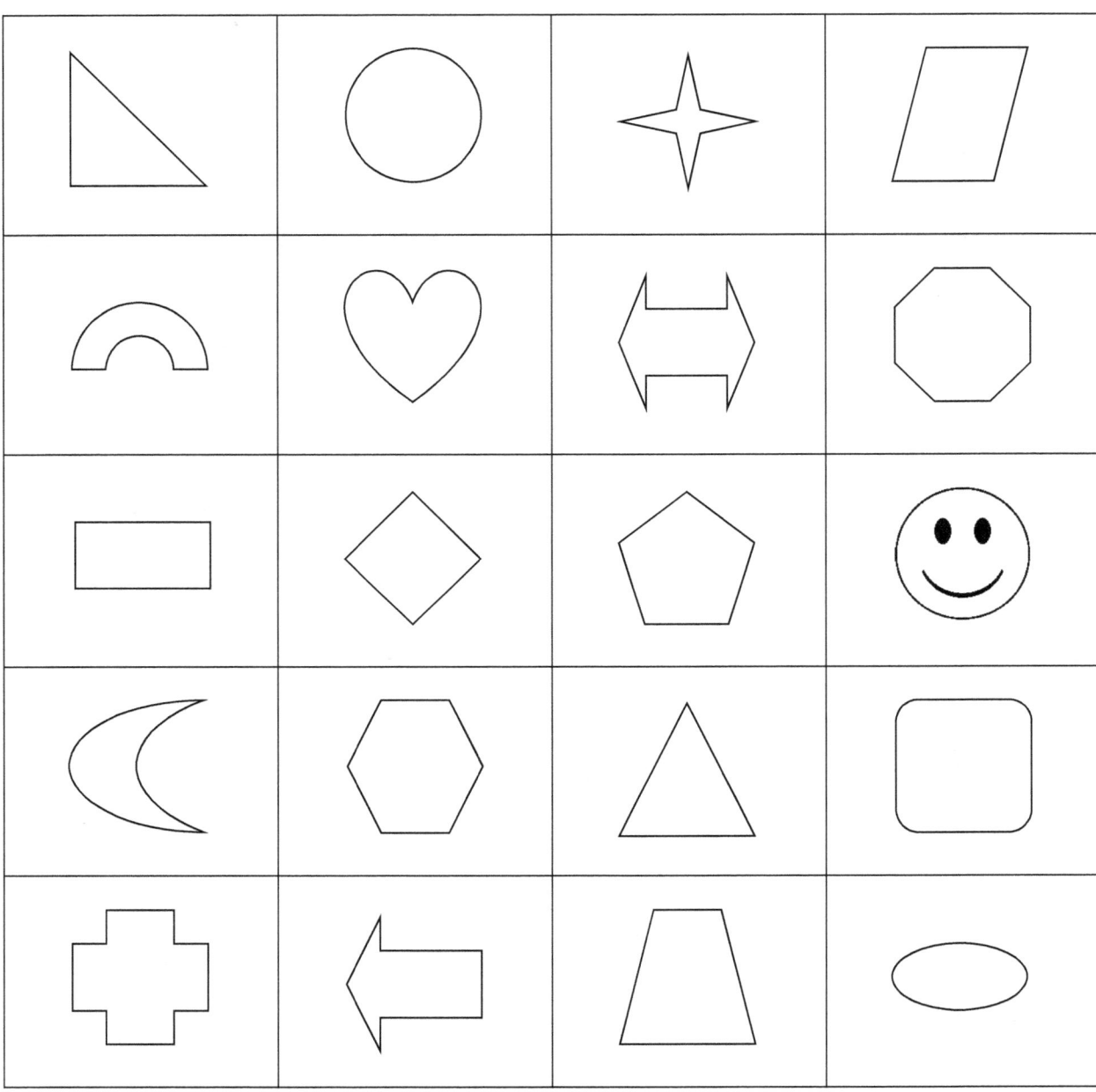

Directions: Use your ruler to show how many axes of symmetry (up to two) each figure has. Although some of the shapes have more than two lines of symmetry, illustrate the one or two most obvious ones. Note that one of the shapes doesn't have any lines of symmetry.

58

Reproducible for non-commercial, classroom use only by Habakkuk Educational Materials

Place Value

Hundreds (100)	Tens (10)	Ones (1)

Instructions: You will need beans or similar items and miniature, clear cups. To illustrate, for example, the number 14, count out 9 beans in the ones column. Then, when you have added one more, transfer the 10 beans to a cup and move the cup to the tens column. (Record *1* for one ten towards the bottom of the tens column.) Then count out 4 more beans in the ones column and record *4* towards the bottom of the column. (1 ten + 4 ones is 14.)

Name: _____

Bar Graph

Addition Facts Bingo

Directions: Find the sum of each problem and record it in one of the squares of the bingo grid.

0 + 0 = __

1 + 3 = __

3 + 2 = __

0 + 6 = __

4 + 3 = __

6 + 2 = __

8 + 1 = __

5 + 5 = __

7 + 4 = __

9 + 6 = __

9 + 7 = __

8 + 9 = __

Bingo Instructions: Cut out the drawing cards with addition problems. When a card is drawn, students cover the answer to the problem on their grids, even if the same problem is not included on their worksheets.

Reproducible for non-commercial, classroom use only by Habakkuk Educational Materials

Addition Facts Bingo

Directions: Find the sum of each problem and record it in one of the squares of the bingo grid.

0 + 1 = __   3 + 6 = __

2 + 2 = __   2 + 8 = __

1 + 4 = __   9 + 2 = __

4 + 2 = __   7 + 5 = __

6 + 1 = __   6 + 9 = __

8 + 0 = __   7 + 9 = __

Bingo Instructions: Cut out the drawing cards with addition problems. When a card is drawn, students cover the answer to the problem on their grids, even if the same problem is not included on their worksheets.

Reproducible for non-commercial, classroom use only by Habakkuk Educational Materials

Addition Facts Bingo

Directions: Find the sum of each problem and record it in one of the squares of the bingo grid.

2 + 0 = __   7 + 2 = __

3 + 1 = __   9 + 1 = __

4 + 1 = __   3 + 8 = __

2 + 4 = __   9 + 3 = __

0 + 7 = __   6 + 7 = __

4 + 4 = __   9 + 8 = __

Bingo Instructions: Cut out the drawing cards with addition problems. When a card is drawn, students cover the answer to the problem on their grids, even if the same problem is not included on their worksheets.

Reproducible for non-commercial, classroom use only by Habakkuk Educational Materials

Addition Facts Bingo

Directions: Find the sum of each problem and record it in one of the squares of the bingo grid.

0 + 3 = __   5 + 4 = __

4 + 0 = __   4 + 6 = __

2 + 3 = __   8 + 3 = __

1 + 5 = __   5 + 7 = __

2 + 5 = __   4 + 9 = __

7 + 1 = __   8 + 6 = __

Bingo Instructions: Cut out the drawing cards with addition problems. When a card is drawn, students cover the answer to the problem on their grids, even if the same problem is not included on their worksheets.

Reproducible for non-commercial, classroom use only by Habakkuk Educational Materials

Addition Facts Bingo

Directions: Find the sum of each problem and record it in one of the squares of the bingo grid.

0 + 4 = __

5 + 0 = __

3 + 3 = __

6 + 1 = __

2 + 6 = __

6 + 3 = __

1 + 9 = __

5 + 6 = __

3 + 9 = __

8 + 5 = __

9 + 5 = __

7 + 8 = __

Bingo Instructions: Cut out the drawing cards with addition problems. When a card is drawn, students cover the answer to the problem on their grids, even if the same problem is not included on their worksheets.

Reproducible for non-commercial, classroom use only by Habakkuk Educational Materials

Addition Facts Bingo

Directions: Find the sum of each problem and record it in one of the squares of the bingo grid.

2 + 1 = __   7 + 3 = __

0 + 5 = __   2 + 9 = __

6 + 0 = __   8 + 4 = __

3 + 4 = __   5 + 8 = __

1 + 7 = __   6 + 8 = __

4 + 5 = __   8 + 8 = __

Bingo Instructions: Cut out the drawing cards with addition problems. When a card is drawn, students cover the answer to the problem on their grids, even if the same problem is not included on their worksheets.

Reproducible for non-commercial, classroom use only by Habakkuk Educational Materials

Addition Facts Bingo

Directions: Find the sum of each problem and record it in one of the squares of the bingo grid.

$1 + 1 = \underline{}$ $6 + 4 = \underline{}$

$3 + 0 = \underline{}$ $4 + 7 = \underline{}$

$5 + 1 = \underline{}$ $6 + 6 = \underline{}$

$7 + 0 = \underline{}$ $9 + 4 = \underline{}$

$5 + 3 = \underline{}$ $5 + 9 = \underline{}$

$1 + 8 = \underline{}$ $8 + 7 = \underline{}$

Bingo Instructions: Cut out the drawing cards with addition problems. When a card is drawn, students cover the answer to the problem on their grids, even if the same problem is not included on their worksheets.

Reproducible for non-commercial, classroom use only by Habakkuk Educational Materials

Addition Facts Bingo

Directions: Find the sum of each problem and record it in one of the squares of the bingo grid.

1 + 0 = __

0 + 2 = __

1 + 2 = __

5 + 2 = __

3 + 5 = __

2 + 7 = __

8 + 2 = __

6 + 5 = __

4 + 8 = __

7 + 6 = __

7 + 7 = __

9 + 9 = __

Bingo Instructions: Cut out the drawing cards with addition problems. When a card is drawn, students cover the answer to the problem on their grids, even if the same problem is not included on their worksheets.

68

Reproducible for non-commercial, classroom use only by Habakkuk Educational Materials

Cards for "Addition Facts Bingo"	$0 + 0 =$
$1 + 0 =$	$1 + 1 =$
$2 + 1 =$	$3 + 1 =$
$2 + 3 =$	$3 + 3 =$
$3 + 4 =$	$5 + 3 =$
$2 + 7 =$	$3 + 7 =$
$4 + 7 =$	$6 + 6 =$
$7 + 6 =$	$5 + 9 =$
$7 + 8 =$	$8 + 8 =$
$8 + 9 =$	$9 + 9 =$

Reproducible for non-commercial, classroom use only by Habakkuk Educational Materials

Addition and Subtraction Bingo

Directions: Find the answer to each problem and record it in one of the squares of the bingo grid.

0 + 2 = __   7 − 7 = __

2 + 2 = __   5 − 4 = __

5 + 1 = __   7 − 4 = __

3 + 5 = __   11 − 6 = __

4 + 6 = __   10 − 3 = __

9 + 3 = __   15 − 6 = __

Bingo Instructions: Cut out the drawing cards with addition and subtraction problems. When a card is drawn, students cover the answer to the problem on their grids, even if the same problem is not included on their worksheets.

70

Reproducible for non-commercial, classroom use only by Habakkuk Educational Materials

Addition and Subtraction Bingo

Directions: Find the answer to each problem and record it in one of the squares of the bingo grid.

1 + 2 = __   4 − 3 = __

3 + 2 = __   9 − 9 = __

6 + 1 = __   5 − 3 = __

9 + 0 = __   12 − 8 = __

7 + 4 = __   15 − 9 = __

8 + 5 = __   13 − 5 = __

Bingo Instructions: Cut out the drawing cards with addition and subtraction problems. When a card is drawn, students cover the answer to the problem on their grids, even if the same problem is not included on their worksheets.

Reproducible for non-commercial, classroom use only by Habakkuk Educational Materials

Addition and Subtraction Bingo

Directions: Find the answer to each problem and record it in one of the squares of the bingo grid.

1 + 3 = __   9 − 7 = __

4 + 2 = __   3 − 2 = __

0 + 8 = __   8 − 5 = __

7 + 3 = __   12 − 7 = __

5 + 7 = __   13 − 6 = __

6 + 8 = __   11 − 2 = __

Bingo Instructions: Cut out the drawing cards with addition and subtraction problems. When a card is drawn, students cover the answer to the problem on their grids, even if the same problem is not included on their worksheets.

Reproducible for non-commercial, classroom use only by Habakkuk Educational Materials

Addition and Subtraction Bingo

Directions: Find the answer to each problem and record it in one of the squares of the bingo grid.

1 + 4 = __   4 − 1 = __

4 + 3 = __   6 − 6 = __

5 + 4 = __   7 − 5 = __

8 + 3 = __   13 − 9 = __

4 + 9 = __   12 − 6 = __

9 + 6 = __   15 − 7 = __

Bingo Instructions: Cut out the drawing cards with addition and subtraction problems. When a card is drawn, students cover the answer to the problem on their grids, even if the same problem is not included on their worksheets.

Reproducible for non-commercial, classroom use only by Habakkuk Educational Materials

Addition and Subtraction Bingo

Directions: Find the answer to each problem and record it in one of the squares of the bingo grid.

2 + 4 = __   9 − 5 = __

6 + 2 = __   2 − 1 = __

3 + 7 = __   9 − 6 = __

7 + 5 = __   13 − 8 = __

8 + 6 = __   14 − 7 = __

9 + 7 = __   11 − 2 = __

Bingo Instructions: Cut out the drawing cards with addition and subtraction problems. When a card is drawn, students cover the answer to the problem on their grids, even if the same problem is not included on their worksheets.

Reproducible for non-commercial, classroom use only by Habakkuk Educational Materials

Addition and Subtraction Bingo

Directions: Find the answer to each problem and record it in one of the squares of the bingo grid.

1 + 6 = __

0 + 9 = __

2 + 9 = __

9 + 4 = __

6 + 9 = __

8 + 9 = __

8 − 3 = __

2 − 2 = __

6 − 4 = __

10 − 6 = __

13 − 7 = __

12 − 4 = __

Bingo Instructions: Cut out the drawing cards with addition and subtraction problems. When a card is drawn, students cover the answer to the problem on their grids, even if the same problem is not included on their worksheets.

Reproducible for non-commercial, classroom use only by Habakkuk Educational Materials

Addition and Subtraction Bingo

Directions: Find the answer to each problem and record it in one of the squares of the bingo grid.

7 + 1 = __   8 − 2 = __

2 + 8 = __   7 − 6 = __

8 + 4 = __   6 − 3 = __

9 + 5 = __   14 − 9 = __

7 + 9 = __   12 − 5 = __

9 + 9 = __   16 − 7 = __

Bingo Instructions: Cut out the drawing cards with addition and subtraction problems. When a card is drawn, students cover the answer to the problem on their grids, even if the same problem is not included on their worksheets.

76

Reproducible for non-commercial, classroom use only by Habakkuk Educational Materials

Addition and Subtraction Bingo

Directions: Find the answer to each problem and record it in one of the squares of the bingo grid.

3 + 6 = __   9 − 2 = __

5 + 6 = __   5 − 5 = __

7 + 6 = __   4 − 2 = __

8 + 7 = __   11 − 7 = __

9 + 8 = __   14 − 8 = __

0 + 1 = __   17 − 9 = __

Bingo Instructions: Cut out the drawing cards with addition and subtraction problems. When a card is drawn, students cover the answer to the problem on their grids, even if the same problem is not included on their worksheets.

Addition and Subtraction Bingo

Directions: Find the answer to each problem and record it in one of the squares of the bingo grid.

6 + 4 = __   9 – 1 = __

3 + 9 = __   8 – 7 = __

5 + 9 = __   9 – 4 = __

8 + 8 = __   10 – 7 = __

0 + 0 = __   16 – 9 = __

2 + 0 = __   14 – 5 = __

Bingo Instructions: Cut out the drawing cards with addition and subtraction problems. When a card is drawn, students cover the answer to the problem on their grids, even if the same problem is not included on their worksheets.

78

Reproducible for non-commercial, classroom use only by Habakkuk Educational Materials

Addition and Subtraction Bingo

Directions: Find the answer to each problem and record it in one of the squares of the bingo grid.

3 + 8 = __   8 − 8 = __

6 + 7 = __   3 − 1 = __

7 + 8 = __   6 − 2 = __

0 + 3 = __   17 − 8 = __

4 + 1 = __   10 − 4 = __

1 + 0 = __   11 − 3 = __

Bingo Instructions: Cut out the drawing cards with addition and subtraction problems. When a card is drawn, students cover the answer to the problem on their grids, even if the same problem is not included on their worksheets.

Cards for "Addition and Subtraction Bingo"	4 − 4 =
6 − 5 =	8 − 6 =
5 − 2 =	7 − 3 =
10 − 5 =	9 − 3 =
8 − 1 =	10 − 2 =
9 − 0 =	8 + 2 =
6 + 5 =	4 + 8 =
5 + 8 =	7 + 7 =
8 + 7 =	7 + 9 =
9 + 8 =	9 + 9 =

Multiplication Facts Bingo

Directions: Find the product of each problem and record it in one of the squares of the bingo grid.

5 × 0 = __   5 × 6 = __

1 × 1 = __   6 × 8 = __

2 × 4 = __   9 × 9 = __

1 × 7 = __   4 × 5 = __

2 × 5 = __   7 × 5 = __

3 × 6 = __   7 × 8 = __

Bingo Instructions: Cut out the drawing cards with multiplication problems. When a card is drawn, students cover the answer to the problem on their grids, even if the same problem is not included on their worksheets.

Reproducible for non-commercial, classroom use only by Habakkuk Educational Materials

Multiplication Facts Bingo

Directions: Find the product of each problem and record it in one of the squares of the bingo grid.

3 × 0 = __		4 × 8 = __

1 × 2 = __		7 × 7 = __

9 × 1 = __		5 × 2 = __

4 × 2 = __		3 × 7 = __

3 × 2 = __		4 × 9 = __

5 × 4 = __		9 × 7 = __

Bingo Instructions: Cut out the drawing cards with multiplication problems. When a card is drawn, students cover the answer to the problem on their grids, even if the same problem is not included on their worksheets.

Reproducible for non-commercial, classroom use only by Habakkuk Educational Materials

Multiplication Facts Bingo

Directions: Find the product of each problem and record it in one of the squares of the bingo grid.

6 × 0 = __

1 × 3 = __

2 × 1 = __

3 × 3 = __

1 × 8 = __

7 × 3 = __

5 × 7 = __

9 × 6 = __

2 × 6 = __

8 × 3 = __

5 × 8 = __

8 × 9 = __

Bingo Instructions: Cut out the drawing cards with multiplication problems. When a card is drawn, students cover the answer to the problem on their grids, even if the same problem is not included on their worksheets.

83

Reproducible for non-commercial, classroom use only by Habakkuk Educational Materials

Multiplication Facts Bingo

Directions: Find the product of each problem and record it in one of the squares of the bingo grid.

8 × 0 = __   6 × 6 = __

1 × 4 = __   8 × 7 = __

3 × 1 = __   2 × 7 = __

2 × 3 = __   3 × 9 = __

6 × 4 = __   6 × 7 = __

4 × 3 = __   8 × 2 = __

Bingo Instructions: Cut out the drawing cards with multiplication problems. When a card is drawn, students cover the answer to the problem on their grids, even if the same problem is not included on their worksheets.

Reproducible for non-commercial, classroom use only by Habakkuk Educational Materials

Multiplication Facts Bingo

Directions: Find the product of each problem and record it in one of the squares of the bingo grid.

$2 \times 0 =$ __

$1 \times 5 =$ __

$2 \times 2 =$ __

$8 \times 1 =$ __

$7 \times 2 =$ __

$5 \times 5 =$ __

$8 \times 5 =$ __

$7 \times 9 =$ __

$3 \times 5 =$ __

$4 \times 7 =$ __

$9 \times 5 =$ __

$6 \times 2 =$ __

Bingo Instructions: Cut out the drawing cards with multiplication problems. When a card is drawn, students cover the answer to the problem on their grids, even if the same problem is not included on their worksheets.

Reproducible for non-commercial, classroom use only by Habakkuk Educational Materials

Multiplication Facts Bingo

Directions: Find the product of each problem and record it in one of the squares of the bingo grid.

4 × 0 = __   7 × 6 = __

1 × 6 = __   8 × 8 = __

5 × 1 = __   2 × 8 = __

5 × 3 = __   6 × 5 = __

4 × 1 = __   8 × 6 = __

9 × 3 = __   9 × 2 = __

Bingo Instructions: Cut out the drawing cards with multiplication problems. When a card is drawn, students cover the answer to the problem on their grids, even if the same problem is not included on their worksheets.

Reproducible for non-commercial, classroom use only by Habakkuk Educational Materials

Multiplication Facts Bingo

Directions: Find the product of each problem and record it in one of the squares of the bingo grid.

9 × 0 = __   5 × 9 = __

7 × 1 = __   9 × 8 = __

4 × 4 = __   6 × 3 = __

6 × 1 = __   8 × 4 = __

7 × 4 = __   6 × 9 = __

1 × 9 = __   6 × 4 = __

Bingo Instructions: Cut out the drawing cards with multiplication problems. When a card is drawn, students cover the answer to the problem on their grids, even if the same problem is not included on their worksheets.

Reproducible for non-commercial, classroom use only by Habakkuk Educational Materials

Multiplication and Division Bingo

Directions: Find the product of each multiplication problem and the quotient of each division problem and record it in one of the squares of the bingo grid.

$1 \times 0 =$ ___

$2 \times 1 =$ ___

$3 \times 2 =$ ___

$4 \times 8 =$ ___

$9 \times 9 =$ ___

$5 \times 6 =$ ___

$8 \div 8 =$ ___

$5 \div 1 =$ ___

$72 \div 8 =$ ___

$12 \div 3 =$ ___

$64 \div 8 =$ ___

$27 \div 9 =$ ___

Bingo Instructions: Cut out the drawing cards with multiplication problems. When a card is drawn, students cover the answer to the problem on their grids, even if the same problem is not included on their worksheets.

Reproducible for non-commercial, classroom use only by Habakkuk Educational Materials

Multiplication and Division Bingo

Directions: Find the product of each multiplication problem and the quotient of each division problem and record it in one of the squares of the bingo grid.

2 × 4 = ___   4 ÷ 2 = ___

1 × 3 = ___   5 ÷ 5 = ___

2 × 7 = ___   24 ÷ 4 = ___

7 × 5 = ___   30 ÷ 6 = ___

2 × 5 = ___   27 ÷ 3 = ___

9 × 6 = ___   36 ÷ 9 = ___

Bingo Instructions: Cut out the drawing cards with multiplication problems. When a card is drawn, students cover the answer to the problem on their grids, even if the same problem is not included on their worksheets.

Reproducible for non-commercial, classroom use only by Habakkuk Educational Materials

Multiplication and Division Bingo

Directions: Find the product of each multiplication problem and the quotient of each division problem and record it in one of the squares of the bingo grid.

$5 \times 2 =$ ___ $4 \div 4 =$ ___

$4 \times 1 =$ ___ $6 \div 3 =$ ___

$3 \times 5 =$ ___ $12 \div 4 =$ ___

$4 \times 9 =$ ___ $56 \div 8 =$ ___

$2 \times 6 =$ ___ $18 \div 3 =$ ___

$5 \times 7 =$ ___ $35 \div 7 =$ ___

Bingo Instructions: Cut out the drawing cards with multiplication problems. When a card is drawn, students cover the answer to the problem on their grids, even if the same problem is not included on their worksheets.

Multiplication and Division Bingo

Directions: Find the product of each multiplication problem and the quotient of each division problem and record it in one of the squares of the bingo grid.

1 × 1 = __

5 × 1 = __

8 × 2 = __

5 × 8 = __

7 × 2 = __

9 × 4 = __

8 ÷ 2 = __

56 ÷ 7 = __

15 ÷ 5 = __

28 ÷ 4 = __

16 ÷ 8 = __

30 ÷ 5 = __

Bingo Instructions: Cut out the drawing cards with multiplication problems. When a card is drawn, students cover the answer to the problem on their grids, even if the same problem is not included on their worksheets.

Reproducible for non-commercial, classroom use only by Habakkuk Educational Materials

Multiplication and Division Bingo

Directions: Find the product of each multiplication problem and the quotient of each division problem and record it in one of the squares of the bingo grid.

$1 \times 2 =$ ___ $9 \div 3 =$ ___

$6 \times 1 =$ ___ $18 \div 2 =$ ___

$3 \times 6 =$ ___ $25 \div 5 =$ ___

$6 \times 7 =$ ___ $16 \div 4 =$ ___

$5 \times 3 =$ ___ $48 \div 6 =$ ___

$8 \times 5 =$ ___ $21 \div 3 =$ ___

Bingo Instructions: Cut out the drawing cards with multiplication problems. When a card is drawn, students cover the answer to the problem on their grids, even if the same problem is not included on their worksheets.

Reproducible for non-commercial, classroom use only by Habakkuk Educational Materials

Multiplication and Division Bingo

Directions: Find the product of each multiplication problem and the quotient of each division problem and record it in one of the squares of the bingo grid.

3 × 1 = __   9 ÷ 9 = __

1 × 7 = __   4 ÷ 1 = __

4 × 5 = __   42 ÷ 7 = __

5 × 9 = __   20 ÷ 4 = __

2 × 8 = __   54 ÷ 6 = __

7 × 6 = __   32 ÷ 4 = __

Bingo Instructions: Cut out the drawing cards with multiplication problems. When a card is drawn, students cover the answer to the problem on their grids, even if the same problem is not included on their worksheets.

Reproducible for non-commercial, classroom use only by Habakkuk Educational Materials

Multiplication and Division Bingo

Directions: Find the product of each multiplication problem and the quotient of each division problem and record it in one of the squares of the bingo grid.

1 × 4 = __   8 ÷ 4 = __

8 × 1 = __   3 ÷ 3 = __

3 × 7 = __   35 ÷ 5 = __

9 × 2 = __   54 ÷ 9 = __

6 × 8 = __   40 ÷ 8 = __

9 × 5 = __   36 ÷ 4 = __

Bingo Instructions: Cut out the drawing cards with multiplication problems. When a card is drawn, students cover the answer to the problem on their grids, even if the same problem is not included on their worksheets.

Reproducible for non-commercial, classroom use only by Habakkuk Educational Materials

Multiplication and Division Bingo

Directions: Find the product of each multiplication problem and the quotient of each division problem and record it in one of the squares of the bingo grid.

1 × 5 = __   6 ÷ 1 = __

9 × 1 = __   7 ÷ 7 = __

2 × 2 = __   16 ÷ 2 = __

7 × 7 = __   18 ÷ 6 = __

5 × 4 = __   63 ÷ 9 = __

8 × 6 = __   12 ÷ 6 = __

Bingo Instructions: Cut out the drawing cards with multiplication problems. When a card is drawn, students cover the answer to the problem on their grids, even if the same problem is not included on their worksheets.

Reproducible for non-commercial, classroom use only by Habakkuk Educational Materials

Multiplication and Division Bingo

Directions: Find the product of each multiplication problem and the quotient of each division problem and record it in one of the squares of the bingo grid.

1 × 6 = ___

0 × 9 = ___

8 × 3 = ___

6 × 9 = ___

7 × 3 = ___

8 × 7 = ___

3 ÷ 1 = ___

81 ÷ 9 = ___

24 ÷ 6 = ___

40 ÷ 5 = ___

14 ÷ 2 = ___

18 ÷ 9 = ___

Bingo Instructions: Cut out the drawing cards with multiplication problems. When a card is drawn, students cover the answer to the problem on their grids, even if the same problem is not included on their worksheets.

Reproducible for non-commercial, classroom use only by Habakkuk Educational Materials

Multiplication and Division Bingo

Directions: Find the product of each multiplication problem and the quotient of each division problem and record it in one of the squares of the bingo grid.

7 × 1 = ___

2 × 3 = ___

5 × 5 = ___

8 × 7 = ___

4 × 6 = ___

9 × 7 = ___

2 ÷ 2 = ___

6 ÷ 2 = ___

45 ÷ 9 = ___

63 ÷ 7 = ___

32 ÷ 8 = ___

24 ÷ 3 = ___

Bingo Instructions: Cut out the drawing cards with multiplication problems. When a card is drawn, students cover the answer to the problem on their grids, even if the same problem is not included on their worksheets.

Reproducible for non-commercial, classroom use only by Habakkuk Educational Materials

Multiplication and Division Bingo

Directions: Find the product of each multiplication problem and the quotient of each division problem and record it in one of the squares of the bingo grid.

1 × 8 = __   6 ÷ 6 = __

4 × 3 = __   10 ÷ 5 = __

3 × 9 = __   48 ÷ 8 = __

7 × 9 = __   15 ÷ 3 = __

4 × 7 = __   45 ÷ 5 = __

8 × 9 = __   20 ÷ 5 = __

Bingo Instructions: Cut out the drawing cards with multiplication problems. When a card is drawn, students cover the answer to the problem on their grids, even if the same problem is not included on their worksheets.

Multiplication and Division Bingo

Directions: Find the product of each multiplication problem and the quotient of each division problem and record it in one of the squares of the bingo grid.

1 × 9 = ___   1 ÷ 1 = ___

4 × 2 = ___   21 ÷ 7 = ___

7 × 4 = ___   49 ÷ 7 = ___

8 × 8 = ___   14 ÷ 7 = ___

9 × 3 = ___   36 ÷ 6 = ___

4 × 4 = ___   10 ÷ 2 = ___

Bingo Instructions: Cut out the drawing cards with multiplication problems. When a card is drawn, students cover the answer to the problem on their grids, even if the same problem is not included on their worksheets.

Reproducible for non-commercial, classroom use only by Habakkuk Educational Materials

Multiplication and Division Bingo

Directions: Find the product of each multiplication problem and the quotient of each division problem and record it in one of the squares of the bingo grid.

0 × 4 = __   2 ÷ 1 = __

3 × 3 = __   28 ÷ 7 = __

6 × 5 = __   72 ÷ 9 = __

9 × 8 = __   24 ÷ 8 = __

8 × 4 = __   42 ÷ 6 = __

6 × 6 = __   12 ÷ 2 = __

Bingo Instructions: Cut out the drawing cards with multiplication problems. When a card is drawn, students cover the answer to the problem on their grids, even if the same problem is not included on their worksheets.

Reproducible for non-commercial, classroom use only by Habakkuk Educational Materials

Cards for "Multiplication Facts Bingo" and "Multiplication and Division Bingo"	$7 \times 0 =$
$1 \times 1 =$	$2 \times 1 =$
$3 \times 1 =$	$2 \times 2 =$
$5 \times 1 =$	$2 \times 3 =$
$7 \times 1 =$	$4 \times 2 =$
$3 \times 3 =$	$5 \times 2 =$
$3 \times 4 =$	$7 \times 2 =$
$5 \times 3 =$	$4 \times 4 =$
$2 \times 9 =$	$5 \times 4 =$
$7 \times 3 =$	$3 \times 8 =$

Reproducible for non-commercial, classroom use only by Habakkuk Educational Materials

Cards for "Multiplication Facts Bingo" and "Multiplication and Division Bingo"	5 × 5 =
9 × 3 =	7 × 4 =
6 × 5 =	8 × 4 =
5 × 7 =	6 × 6 =
8 × 5 =	7 × 6 =
5 × 9 =	8 × 6 =
7 × 7 =	6 × 9 =
8 × 7 =	7 × 9 =
8 × 8 =	9 × 8 =
9 × 9 =	

☺ **Good Work Coupon** ☺

This coupon entitles _____

to _____.

Expiration date: _____

☺ **Good Work Coupon** ☺

This coupon entitles _____

to _____.

Expiration date: _____

☺ **Good Work Coupon** ☺

This coupon entitles _____

to _____.

Expiration date: _____

☺ **Good Work Coupon** ☺

This coupon entitles _____

to _____.

Expiration date: _____

Answer Key

Name: _____   **Time:** _____

WORKSHEET #1

9 + 4 **13**	0 + 0 **0**	8 + 3 **11**	1 + 1 **2**	7 + 2 **9**	2 + 2 **4**	6 + 1 **7**	3 + 3 **6**	5 + 0 **5**	4 + 4 **8**
0 + 1 **1**	5 + 5 **10**	1 + 2 **3**	3 + 9 **12**	2 + 3 **5**	2 + 8 **10**	3 + 4 **7**	1 + 7 **8**	4 + 5 **9**	0 + 6 **6**
5 + 6 **11**	1 + 0 **1**	9 + 3 **12**	2 + 1 **3**	8 + 2 **10**	3 + 2 **5**	7 + 1 **8**	4 + 3 **7**	6 + 0 **6**	5 + 4 **9**
0 + 2 **2**	6 + 5 **11**	1 + 3 **4**	6 + 6 **12**	2 + 4 **6**	2 + 9 **11**	3 + 5 **8**	1 + 8 **9**	4 + 6 **10**	0 + 7 **7**
5 + 7 **12**	2 + 0 **2**	6 + 7 **13**	3 + 1 **4**	9 + 2 **11**	4 + 2 **6**	8 + 1 **9**	5 + 3 **8**	7 + 0 **7**	6 + 4 **10**
0 + 3 **3**	7 + 5 **12**	1 + 4 **5**	7 + 6 **13**	2 + 5 **7**	7 + 7 **14**	3 + 6 **9**	1 + 9 **10**	4 + 7 **11**	0 + 8 **8**
5 + 8 **13**	3 + 0 **3**	6 + 8 **14**	4 + 1 **5**	7 + 8 **15**	5 + 2 **7**	9 + 1 **10**	6 + 3 **9**	8 + 0 **8**	7 + 4 **11**
0 + 4 **4**	8 + 5 **13**	1 + 5 **6**	8 + 6 **14**	2 + 6 **8**	8 + 7 **15**	3 + 7 **10**	8 + 8 **16**	4 + 8 **12**	0 + 9 **9**
5 + 9 **14**	4 + 0 **4**	6 + 9 **15**	5 + 1 **6**	7 + 9 **16**	6 + 2 **8**	8 + 9 **17**	7 + 3 **10**	9 + 0 **9**	8 + 4 **12**
0 + 5 **5**	9 + 5 **14**	1 + 6 **7**	9 + 6 **15**	2 + 7 **9**	9 + 7 **16**	3 + 8 **11**	9 + 8 **17**	4 + 9 **13**	9 + 9 **18**

Name: _____   **Time:** _____

WORKSHEET #2

8 + 1 **9**	1 + 6 **7**	5 + 3 **8**	0 + 6 **6**	1 + 0 **1**	6 + 8 **14**	1 + 9 **10**	5 + 2 **7**	0 + 5 **5**	1 + 2 **3**
8 + 2 **10**	3 + 2 **5**	4 + 2 **6**	1 + 7 **8**	7 + 2 **9**	0 + 1 **1**	2 + 9 **11**	4 + 4 **8**	9 + 2 **11**	2 + 0 **2**
4 + 6 **10**	1 + 1 **2**	8 + 0 **8**	4 + 3 **7**	7 + 4 **11**	6 + 3 **9**	9 + 3 **12**	3 + 3 **6**	2 + 8 **10**	6 + 2 **8**
2 + 4 **6**	7 + 0 **7**	3 + 0 **3**	1 + 8 **9**	9 + 7 **16**	5 + 6 **11**	7 + 8 **15**	5 + 4 **9**	9 + 9 **18**	6 + 0 **6**
6 + 5 **11**	3 + 9 **12**	8 + 5 **13**	3 + 7 **10**	4 + 7 **11**	0 + 2 **2**	1 + 4 **5**	8 + 8 **16**	2 + 1 **3**	6 + 1 **7**
2 + 5 **7**	5 + 5 **10**	7 + 1 **8**	0 + 8 **8**	5 + 1 **6**	2 + 3 **5**	9 + 4 **13**	0 + 7 **7**	7 + 7 **14**	4 + 8 **12**
2 + 6 **8**	0 + 0 **0**	3 + 5 **8**	8 + 3 **11**	8 + 9 **17**	0 + 3 **3**	6 + 7 **13**	3 + 6 **9**	3 + 8 **11**	7 + 5 **12**
1 + 5 **6**	5 + 0 **5**	5 + 7 **12**	2 + 2 **4**	4 + 1 **5**	7 + 6 **13**	4 + 5 **9**	8 + 6 **14**	2 + 7 **9**	1 + 3 **4**
9 + 5 **14**	3 + 1 **4**	5 + 8 **13**	5 + 9 **14**	8 + 4 **12**	0 + 4 **4**	6 + 9 **15**	0 + 9 **9**	8 + 7 **15**	7 + 3 **10**
7 + 9 **16**	6 + 6 **12**	3 + 4 **7**	9 + 8 **17**	9 + 0 **9**	6 + 4 **10**	9 + 6 **15**	9 + 1 **10**	4 + 9 **13**	4 + 0 **4**

Name: _____   Time: _____

WORKSHEET #3

3 + 2 **5**	2 + 0 **2**	3 + 9 **12**	7 + 7 **14**	2 + 6 **8**	9 + 8 **17**	5 + 4 **9**	9 + 2 **11**	2 + 5 **7**	1 + 7 **8**
5 + 6 **11**	3 + 3 **6**	8 + 7 **15**	4 + 4 **8**	0 + 1 **1**	3 + 1 **4**	8 + 3 **11**	6 + 0 **6**	2 + 2 **4**	7 + 1 **8**
1 + 1 **2**	8 + 2 **10**	7 + 2 **9**	1 + 4 **5**	4 + 7 **11**	5 + 0 **5**	1 + 2 **3**	8 + 0 **8**	9 + 5 **14**	0 + 0 **0**
9 + 4 **13**	4 + 3 **7**	5 + 5 **10**	0 + 6 **6**	9 + 9 **18**	4 + 5 **9**	7 + 6 **13**	6 + 1 **7**	2 + 8 **10**	3 + 4 **7**
6 + 7 **13**	8 + 1 **9**	2 + 3 **5**	6 + 5 **11**	0 + 2 **2**	8 + 9 **17**	9 + 3 **12**	0 + 4 **4**	2 + 7 **9**	1 + 0 **1**
1 + 3 **4**	3 + 5 **8**	0 + 5 **5**	0 + 7 **7**	0 + 3 **3**	7 + 0 **7**	7 + 4 **11**	6 + 9 **15**	2 + 9 **11**	4 + 6 **10**
8 + 8 **16**	5 + 3 **8**	3 + 7 **10**	5 + 9 **14**	1 + 6 **7**	9 + 0 **9**	5 + 7 **12**	9 + 1 **10**	7 + 9 **16**	7 + 5 **12**
3 + 8 **11**	1 + 8 **9**	2 + 4 **6**	0 + 8 **8**	5 + 1 **6**	7 + 3 **10**	1 + 5 **6**	4 + 0 **4**	4 + 2 **6**	6 + 6 **12**
4 + 1 **5**	6 + 8 **14**	4 + 8 **12**	0 + 9 **9**	5 + 8 **13**	7 + 8 **15**	2 + 1 **3**	1 + 9 **10**	5 + 2 **7**	3 + 0 **3**
6 + 3 **9**	6 + 2 **8**	3 + 6 **9**	8 + 6 **14**	4 + 9 **13**	9 + 7 **16**	6 + 4 **10**	9 + 6 **15**	8 + 4 **12**	8 + 5 **13**

Name: _____   Time: _____

WORKSHEET #4

9 −7 **2**	0 −0 **0**	10 −7 **3**	1 −0 **1**	11 −5 **6**	3 −1 **2**	13 −9 **4**	6 −5 **1**	15 −6 **9**	8 −1 **7**
1 −1 **0**	9 −3 **6**	2 −0 **2**	10 −4 **6**	3 −2 **1**	11 −6 **5**	6 −2 **4**	13 −5 **8**	8 −7 **1**	15 −9 **6**
9 −6 **3**	2 −2 **0**	10 −6 **4**	3 −0 **3**	12 −3 **9**	4 −1 **3**	13 −8 **5**	6 −4 **2**	15 −7 **8**	8 −2 **6**
3 −3 **0**	9 −4 **5**	4 −0 **4**	10 −5 **5**	4 −3 **1**	12 −9 **3**	6 −3 **3**	13 −6 **7**	8 −6 **2**	15 −8 **7**
9 −5 **4**	4 −4 **0**	11 −2 **9**	5 −0 **5**	12 −4 **8**	4 −2 **2**	13 −7 **6**	7 −1 **6**	16 −7 **9**	8 −3 **5**
5 −5 **0**	10 −1 **9**	6 −0 **6**	11 −9 **2**	5 −1 **4**	12 −8 **4**	7 −6 **1**	14 −5 **9**	8 −5 **3**	16 −9 **7**
10 −9 **1**	6 −6 **0**	11 −3 **8**	7 −0 **7**	12 −5 **7**	5 −4 **1**	14 −9 **5**	7 −2 **5**	16 −8 **8**	8 −4 **4**
7 −7 **0**	10 −2 **8**	8 −0 **8**	11 −8 **3**	5 −2 **3**	12 −7 **5**	7 −5 **2**	14 −6 **8**	9 −1 **8**	17 −8 **9**
10 −8 **2**	8 −8 **0**	11 −4 **7**	9 −0 **9**	12 −6 **6**	5 −3 **2**	14 −8 **6**	7 −3 **4**	17 −9 **8**	9 −8 **1**
9 −9 **0**	10 −3 **7**	2 −1 **1**	11 −7 **4**	6 −1 **5**	13 −4 **9**	7 −4 **3**	14 −7 **7**	9 −2 **7**	18 −9 **9**

Name: _____   Time: _____

WORKSHEET #5

15 − 8 = **7**	7 − 4 = **3**	12 − 4 = **8**	8 − 3 = **5**	10 − 6 = **4**	8 − 2 = **6**	4 − 3 = **1**	13 − 4 = **9**	8 − 6 = **2**	3 − 3 = **0**
8 − 4 = **4**	11 − 2 = **9**	13 − 9 = **4**	0 − 0 = **0**	9 − 5 = **4**	9 − 7 = **2**	8 − 1 = **7**	10 − 5 = **5**	3 − 1 = **2**	12 − 9 = **3**
9 − 3 = **6**	15 − 6 = **9**	6 − 2 = **4**	12 − 3 = **9**	6 − 5 = **1**	1 − 1 = **0**	13 − 5 = **8**	1 − 0 = **1**	12 − 8 = **4**	18 − 9 = **9**
10 − 8 = **2**	11 − 7 = **4**	13 − 8 = **5**	2 − 2 = **0**	7 − 6 = **1**	9 − 6 = **3**	14 − 5 = **9**	10 − 4 = **6**	11 − 6 = **5**	17 − 8 = **9**
11 − 5 = **6**	7 − 5 = **2**	6 − 3 = **3**	2 − 1 = **1**	6 − 4 = **2**	5 − 5 = **0**	11 − 3 = **8**	6 − 6 = **0**	16 − 8 = **8**	10 − 7 = **3**
9 − 2 = **7**	10 − 1 = **9**	13 − 7 = **6**	9 − 0 = **9**	13 − 6 = **7**	7 − 7 = **0**	15 − 9 = **6**	10 − 2 = **8**	4 − 1 = **3**	11 − 8 = **3**
12 − 6 = **6**	8 − 7 = **1**	8 − 0 = **8**	5 − 2 = **3**	7 − 1 = **6**	12 − 7 = **5**	16 − 9 = **7**	3 − 0 = **3**	14 − 8 = **6**	12 − 5 = **7**
3 − 2 = **1**	10 − 3 = **7**	5 − 0 = **5**	4 − 4 = **0**	17 − 9 = **8**	9 − 9 = **0**	9 − 8 = **1**	5 − 3 = **2**	4 − 2 = **2**	11 − 4 = **7**
7 − 0 = **7**	9 − 1 = **8**	14 − 9 = **5**	6 − 0 = **6**	4 − 0 = **4**	14 − 7 = **7**	7 − 3 = **4**	16 − 7 = **9**	5 − 4 = **1**	5 − 1 = **4**
9 − 4 = **5**	8 − 5 = **3**	8 − 8 = **0**	6 − 1 = **5**	14 − 6 = **8**	15 − 7 = **8**	10 − 9 = **1**	11 − 9 = **2**	7 − 2 = **5**	2 − 0 = **2**

Name: _____   Time: _____

WORKSHEET #6

8 − 4 = **4**	12 − 3 = **9**	8 − 3 = **5**	16 − 8 = **8**	4 − 4 = **0**	11 − 9 = **2**	7 − 4 = **3**	5 − 0 = **5**	15 − 8 = **7**	10 − 5 = **5**
9 − 4 = **5**	15 − 6 = **9**	3 − 1 = **2**	18 − 9 = **9**	9 − 7 = **2**	11 − 8 = **3**	8 − 1 = **7**	7 − 0 = **7**	11 − 5 = **6**	8 − 6 = **2**
1 − 0 = **1**	8 − 7 = **1**	13 − 6 = **7**	17 − 8 = **9**	1 − 1 = **0**	14 − 9 = **5**	7 − 6 = **1**	0 − 0 = **0**	3 − 2 = **1**	11 − 7 = **4**
10 − 1 = **9**	12 − 8 = **4**	11 − 6 = **5**	9 − 1 = **8**	9 − 5 = **4**	10 − 7 = **3**	14 − 7 = **7**	13 − 8 = **5**	9 − 6 = **3**	6 − 5 = **1**
4 − 2 = **2**	15 − 7 = **8**	7 − 1 = **6**	13 − 9 = **4**	6 − 6 = **0**	9 − 0 = **9**	15 − 9 = **6**	9 − 3 = **6**	11 − 3 = **8**	14 − 8 = **6**
3 − 0 = **3**	12 − 9 = **3**	10 − 6 = **4**	6 − 2 = **4**	7 − 2 = **5**	8 − 0 = **8**	8 − 2 = **6**	14 − 6 = **8**	10 − 9 = **1**	9 − 2 = **7**
6 − 3 = **3**	16 − 7 = **9**	7 − 3 = **4**	7 − 5 = **2**	5 − 5 = **0**	5 − 2 = **3**	14 − 5 = **9**	2 − 2 = **0**	5 − 1 = **4**	5 − 4 = **1**
9 − 8 = **1**	10 − 3 = **7**	4 − 1 = **3**	6 − 4 = **2**	4 − 3 = **1**	12 − 7 = **5**	2 − 0 = **2**	6 − 1 = **5**	3 − 3 = **0**	10 − 2 = **8**
2 − 1 = **1**	11 − 2 = **9**	5 − 3 = **2**	16 − 9 = **7**	13 − 5 = **8**	4 − 0 = **4**	17 − 9 = **8**	8 − 8 = **0**	6 − 0 = **6**	9 − 9 = **0**
11 − 4 = **7**	10 − 4 = **6**	13 − 4 = **9**	12 − 5 = **7**	7 − 7 = **0**	8 − 5 = **3**	12 − 4 = **8**	13 − 7 = **6**	12 − 6 = **6**	10 − 8 = **2**

WORKSHEET #7

Directions: Write the missing number of each addition or subtraction sentence in the space provided. Use the manipulatives to help you.

9 − 4 = **5**	0 + **1** = 1	**5** + 6 = 11	0 + 2 = **2**	5 + **7** = 12
0 + 3 = 3	5 + 8 = **13**	0 + **4** = 4	**5** + 9 = 14	0 + 5 = **5**
0 − **0** = 0	**5** − 5 = 0	1 − 0 = **1**	6 − **5** = 1	**2** − 0 = 2
7 − 5 = **2**	3 − **0** = 3	**8** − 5 = 3	4 − 0 = **4**	9 − **5** = 4
8 − 3 = 5	1 + 2 = **3**	9 − **3** = 6	**1** + 3 = 4	6 + 7 = **13**
1 + **4** = 5	**6** + 8 = 14	1 + 5 = **6**	6 + **9** = 15	**1** + 6 = 7
1 − 1 = **0**	3 + **9** = 12	**2** − 1 = 1	6 − 6 = **0**	3 − **1** = 2
7 − 6 = 1	4 − 1 = **3**	8 − **6** = 2	**5** − 1 = 4	9 − 6 = **3**
7 − **2** = 5	**2** + 3 = 5	8 − 2 = **6**	2 + **4** = 6	**9** − 2 = 7
2 + 5 = **7**	7 + **8** = 15	**2** + 6 = 8	7 + 9 = **16**	2 + **7** = 9
2 − 2 = 0	2 + 8 = **10**	3 − **2** = 1	**2** + 9 = 11	4 − 2 = **2**
7 − **7** = 0	**5** − 2 = 3	8 − 7 = **1**	6 − **2** = 4	**9** − 7 = 2
6 − 1 = **5**	3 + **4** = 7	**7** − 1 = 6	3 + 5 = **8**	8 − **1** = 7
3 + 6 = 9	9 − 1 = **8**	3 + **7** = 10	**8** + 9 = 17	3 + 8 = **11**
3 − **3** = 0	**1** + 7 = 8	4 − 3 = **1**	1 + **8** = 9	**5** − 3 = 2
1 + 9 = **10**	6 − **3** = 3	**8** − 8 = 0	7 − 3 = **4**	9 − **8** = 1
5 − 0 = 5	4 + 5 = **9**	6 − **0** = 6	**4** + 6 = 10	7 − 0 = **7**
4 + **7** = 11	**8** − 0 = 8	4 + 8 = **12**	9 − **0** = 9	**4** + 9 = 13
4 − 4 = **0**	0 + **6** = 6	**5** − 4 = 1	0 + 7 = **7**	6 − **4** = 2
0 + 8 = 8	7 − 4 = **3**	0 + **9** = 9	**8** − 4 = 4	9 − 9 = **0**

Name: _____   Time: _____

WORKSHEET #8

$9 \times 4 \over 36$	$0 \times 0 \over 0$	$8 \times 3 \over 24$	$1 \times 1 \over 1$	$7 \times 2 \over 14$	$2 \times 2 \over 4$	$6 \times 1 \over 6$	$3 \times 3 \over 9$	$5 \times 0 \over 0$	$4 \times 4 \over 16$
$0 \times 1 \over 0$	$5 \times 5 \over 25$	$1 \times 2 \over 2$	$3 \times 9 \over 27$	$2 \times 3 \over 6$	$2 \times 8 \over 16$	$3 \times 4 \over 12$	$1 \times 7 \over 7$	$4 \times 5 \over 20$	$0 \times 6 \over 0$
$5 \times 6 \over 30$	$1 \times 0 \over 0$	$9 \times 3 \over 27$	$2 \times 1 \over 2$	$8 \times 2 \over 16$	$3 \times 2 \over 6$	$7 \times 1 \over 7$	$4 \times 3 \over 12$	$6 \times 0 \over 0$	$5 \times 4 \over 20$
$0 \times 2 \over 0$	$6 \times 5 \over 30$	$1 \times 3 \over 3$	$6 \times 6 \over 36$	$2 \times 4 \over 8$	$2 \times 9 \over 18$	$3 \times 5 \over 15$	$1 \times 8 \over 8$	$4 \times 6 \over 24$	$0 \times 7 \over 0$
$5 \times 7 \over 35$	$2 \times 0 \over 0$	$6 \times 7 \over 42$	$3 \times 1 \over 3$	$9 \times 2 \over 18$	$4 \times 2 \over 8$	$8 \times 1 \over 8$	$5 \times 3 \over 15$	$7 \times 0 \over 0$	$6 \times 4 \over 24$
$0 \times 3 \over 0$	$7 \times 5 \over 35$	$1 \times 4 \over 4$	$7 \times 6 \over 42$	$2 \times 5 \over 10$	$7 \times 7 \over 49$	$3 \times 6 \over 18$	$1 \times 9 \over 9$	$4 \times 7 \over 28$	$0 \times 8 \over 0$
$5 \times 8 \over 40$	$3 \times 0 \over 0$	$6 \times 8 \over 48$	$4 \times 1 \over 4$	$7 \times 8 \over 56$	$5 \times 2 \over 10$	$9 \times 1 \over 9$	$6 \times 3 \over 18$	$8 \times 0 \over 0$	$7 \times 4 \over 28$
$0 \times 4 \over 0$	$8 \times 5 \over 40$	$1 \times 5 \over 5$	$8 \times 6 \over 48$	$2 \times 6 \over 12$	$8 \times 7 \over 56$	$3 \times 7 \over 21$	$8 \times 8 \over 64$	$4 \times 8 \over 32$	$0 \times 9 \over 0$
$5 \times 9 \over 45$	$4 \times 0 \over 0$	$6 \times 9 \over 54$	$5 \times 1 \over 5$	$7 \times 9 \over 63$	$6 \times 2 \over 12$	$8 \times 9 \over 72$	$7 \times 3 \over 21$	$9 \times 0 \over 0$	$8 \times 4 \over 32$
$0 \times 5 \over 0$	$9 \times 5 \over 45$	$1 \times 6 \over 6$	$9 \times 6 \over 54$	$2 \times 7 \over 14$	$9 \times 7 \over 63$	$3 \times 8 \over 24$	$9 \times 8 \over 72$	$4 \times 9 \over 36$	$9 \times 9 \over 81$

Name: _____   Time: _____

WORKSHEET #9

7	2	7	5	3	1	5	4	3	6
×0	×4	×7	×3	×6	×4	×5	×2	×7	×5
0	**8**	**49**	**15**	**18**	**4**	**25**	**8**	**21**	**30**

5	6	9	9	3	6	8	2	4	8
×2	×1	×4	×2	×3	×7	×5	×3	×0	×3
10	**6**	**36**	**18**	**9**	**42**	**40**	**6**	**0**	**24**

1	4	5	5	4	0	6	9	2	6
×1	×7	×4	×0	×6	×0	×9	×1	×2	×6
1	**28**	**20**	**0**	**24**	**0**	**54**	**9**	**4**	**36**

4	3	0	6	1	1	4	9	8	1
×8	×4	×1	×4	×7	×0	×4	×5	×6	×2
32	**12**	**0**	**24**	**7**	**0**	**16**	**45**	**48**	**2**

1	7	5	7	6	2	8	2	2	8
×5	×9	×6	×5	×8	×6	×7	×5	×8	×0
5	**63**	**30**	**35**	**48**	**12**	**56**	**10**	**16**	**0**

2	0	0	7	1	0	0	9	3	9
×1	×5	×2	×6	×8	×4	×7	×8	×2	×0
2	**0**	**0**	**42**	**8**	**0**	**0**	**72**	**6**	**0**

5	8	9	4	6	9	3	4	8	9
×1	×4	×6	×3	×3	×9	×9	×1	×1	×3
5	**32**	**54**	**12**	**18**	**81**	**27**	**4**	**8**	**27**

0	3	1	2	3	2	0	7	2	7
×6	×5	×6	×7	×8	×0	×8	×3	×9	×1
0	**15**	**6**	**14**	**24**	**0**	**0**	**21**	**18**	**7**

7	3	9	6	8	1	0	5	6	7
×4	×0	×7	×0	×8	×9	×9	×9	×2	×2
28	**0**	**63**	**0**	**64**	**9**	**0**	**45**	**12**	**14**

5	8	0	4	8	4	3	7	5	1
×8	×9	×3	×9	×2	×5	×1	×8	×7	×3
40	**72**	**0**	**36**	**16**	**20**	**3**	**56**	**35**	**3**

Name: _____   Time: _____

WORKSHEET #10

4	1	8	7	8	3	2
5)20	1)1	4)32	1)7	6)48	4)12	2)2

7	8	4	7	6	3	1
3)21	1)8	8)32	2)14	8)48	7)21	3)3

7	9	7	2	1	8	2
5)35	1)9	7)49	7)14	4)4	3)24	2)4

5	5	9	3	1	6	3
7)35	3)15	6)54	8)24	5)5	6)36	2)6

6	3	1	6	2	9	4
9)54	5)15	6)6	4)24	3)6	4)36	4)16

8	4	1	4	4	7	8
7)56	6)24	7)7	9)36	2)8	8)56	2)16

1	5	2	8	2	9	9
8)8	5)25	4)8	5)40	8)16	7)63	3)27

1	5	3	7	9	2	3
9)9	8)40	3)9	9)63	2)18	1)2	9)27

5	7	2	8	7	3	6
2)10	6)42	9)18	8)64	4)28	1)3	7)42

2	9	6	4	4	6	9
5)10	8)72	3)18	1)4	7)28	2)12	5)45

3	8	6	5	5	2	9
6)18	9)72	5)30	1)5	9)45	6)12	9)81

5	6	5	4
4)20	1)6	6)30	3)12

Name: _____   Time: _____

WORKSHEET #11

24 ÷ 4 = **6**	45 ÷ 9 = **5**	3 ÷ 1 = **3**	2 ÷ 1 = **2**	12 ÷ 2 = **6**
25 ÷ 5 = **5**	16 ÷ 4 = **4**	54 ÷ 6 = **9**	9 ÷ 3 = **3**	56 ÷ 8 = **7**
18 ÷ 2 = **9**	9 ÷ 9 = **1**	15 ÷ 5 = **3**	5 ÷ 5 = **1**	8 ÷ 4 = **2**
30 ÷ 6 = **5**	54 ÷ 9 = **6**	72 ÷ 8 = **9**	56 ÷ 7 = **8**	8 ÷ 8 = **1**
18 ÷ 9 = **2**	30 ÷ 5 = **6**	16 ÷ 2 = **8**	40 ÷ 5 = **8**	10 ÷ 2 = **5**
32 ÷ 4 = **8**	64 ÷ 8 = **8**	14 ÷ 2 = **7**	10 ÷ 5 = **2**	28 ÷ 4 = **7**
63 ÷ 7 = **9**	20 ÷ 5 = **4**	18 ÷ 3 = **6**	72 ÷ 9 = **8**	63 ÷ 9 = **7**
21 ÷ 3 = **7**	3 ÷ 3 = **1**	12 ÷ 6 = **2**	12 ÷ 3 = **4**	4 ÷ 1 = **4**
5 ÷ 1 = **5**	20 ÷ 4 = **5**	27 ÷ 9 = **3**	48 ÷ 8 = **6**	81 ÷ 9 = **9**
42 ÷ 6 = **7**	4 ÷ 4 = **1**	18 ÷ 6 = **3**	35 ÷ 7 = **5**	2 ÷ 2 = **1**
28 ÷ 7 = **4**	12 ÷ 4 = **3**	48 ÷ 6 = **8**	24 ÷ 3 = **8**	21 ÷ 7 = **3**
49 ÷ 7 = **7**	36 ÷ 4 = **9**	6 ÷ 1 = **6**	35 ÷ 5 = **7**	4 ÷ 2 = **2**
8 ÷ 2 = **4**	24 ÷ 8 = **3**	36 ÷ 9 = **4**	32 ÷ 8 = **4**	1 ÷ 1 = **1**
45 ÷ 5 = **9**	14 ÷ 7 = **2**	6 ÷ 2 = **3**	7 ÷ 1 = **7**	42 ÷ 7 = **6**
7 ÷ 7 = **1**	15 ÷ 3 = **5**	8 ÷ 1 = **8**	16 ÷ 8 = **2**	27 ÷ 3 = **9**
36 ÷ 6 = **6**	6 ÷ 3 = **2**	9 ÷ 1 = **9**	6 ÷ 6 = **1**	40 ÷ 8 = **5**
24 ÷ 6 = **4**				

WORKSHEET #12

Directions: Write the missing number of each multiplication or division sentence in the space provided. Use the manipulatives to help you.

9 × 4 = **36**	0 × 4 = **0**	**5** × 6 = 30	0 × 2 = **0**	5 × **7** = 35
0 × 3 = 0	5 × 8 = **40**	8 × 0 = **0**	**5** × 9 = 45	0 × 5 = **0**
0 × 1 = **0**	**5** ÷ 5 = 1	1 × 0 = **0**	6 × **5** = 30	0 × 0 = **0**
7 × 5 = **35**	3 × **0** = 0	**8** × 5 = 40	4 × 0 = **0**	9 × **5** = 45
8 × 3 = 24	1 × 2 = **2**	9 ÷ **3** = 3	**1** × 3 = 3	6 × 7 = **42**
1 × **4** = 4	**6** × 8 = 48	1 × 5 = **5**	6 × **9** = 54	**1** × 6 = 6
1 ÷ 1 = **1**	3 × **9** = 27	**2** ÷ 1 = 2	6 ÷ 6 = **1**	3 ÷ **1** = 3
7 × 6 = 42	4 ÷ 1 = **4**	8 × **6** = 48	**5** ÷ 1 = 5	9 × 6 = **54**
7 × **2** = 14	**2** × 3 = 6	8 ÷ 2 = **4**	2 × **4** = 8	**9** × 2 = 18
2 × 5 = **10**	7 × **8** = 56	**2** × 6 = 12	7 × 9 = **63**	2 × **7** = 14
2 ÷ 2 = 1	2 × 8 = **16**	3 × **2** = 6	**2** × 9 = 18	4 ÷ 2 = **2**
7 ÷ **7** = 1	**5** × 2 = 10	8 × 7 = **56**	6 ÷ **2** = 3	**9** × 7 = 63
6 ÷ 1 = **6**	3 × **4** = 12	**7** ÷ 1 = 7	3 × 5 = **15**	8 ÷ **1** = 8
3 × 6 = 18	9 ÷ 1 = **9**	3 × **7** = 21	**8** × 9 = 72	3 × 8 = **24**
3 ÷ **3** = 1	**1** × 7 = 7	4 × 3 = **12**	1 × **8** = 8	**5** × 3 = 15
1 × 9 = **9**	6 ÷ **3** = 2	**8** ÷ 8 = 1	7 × 3 = **21**	9 × **8** = 72
2 × 0 = **0**	4 × 5 = **20**	6 × **0** = 0	**4** × 6 = 24	7 × 0 = **0**
4 × **7** = 28	5 × 0 = **0**	4 × 8 = **32**	9 × **0** = 0	**4** × 9 = 36
4 ÷ 4 = **1**	0 × 9 = **0**	**5** × 4 = 20	0 × 7 = **0**	6 × **4** = 24
0 × 8 = 0	7 × 4 = **28**	0 × 6 = **0**	**8** ÷ 4 = 2	9 ÷ 9 = **1**

WORKSHEET #13 (Show your work in the boxes.)

addition and subtraction with regrouping (pages 86-89)

1. 854 + 327 = **1,181**

   ```
     1
    854
   +327
   ----
   1181
   ```

2. 6413 + 834 = **7,247**

   ```
     1
   6413
   + 834
   ----
   7247
   ```

3. 51 − 36 = **15**

   ```
   4 1
   5̸1
   -36
   ---
    15
   ```

4. 704 − 69 = **635**

   ```
   6 9 1
   7̸ 0̸ 4̸
   -  69
   -----
     635
   ```

multiplication with/without regrouping (pages 90-94)

5. 38 × 6 = **228**

6. 59 × 14 = **826**

7. 912 × 324 = **295,488**

   ```
    ⁴38         ³59          912
    × 6         × 14        × 324
    ---         ----        ¹3648
    228        ¹236         ¹18240
               590          273600
               ---          ------
               826          295488
   ```

8. 82 × 10 = **820**

9. 754 × 103 = **77,662**

   ```
               1 1
    82         754
   × 10        × 103
   ----        -----
    820        2262
              75400
              -----
              77662
   ```

long division (pages 95-99)

10. 96 ÷ 8 = **12**

11. 42 ÷ 9 = **4 r 6**

    ```
        12
     8)96
        8
        -
        16
    ```

12. 856 ÷ 4 = **214**

    ```
         214
      4)856
        8
        -
        5
        4
        -
        16
    ```

13. 315 ÷ 15 = **21**

    ```
          21
      15)315
         30
         --
          15
    ```

WORKSHEET #14 (Show your work in the boxes.)
addition and subtraction with regrouping (pages 86-89)

1. 205 + 76 = **281**

    ¹
    205
    + 76
    ───
    281

2. 7580 + 1683 = **9,263**

    1 1
    7580
    + 1683
    ─────
    9263

3. 8573 − 691 = **7,882**

    7 14 1
    8̶5̶73
    − 691
    ─────
    7882

4. 207 − 89 = **118**

    1 9 1
    2̶0̶7
    − 89
    ────
    118

multiplication with regrouping (pages 90-94)

5. 73 × 5 = **365**

8. 58 × 20 = **1,160**

6. 95 × 28 = **2,660**

9. 941 × 703 = **661,523**

7. 903 × 241 = **217,623**

    ¹73
    × 5
    ───
    365

    ¹⁴95
    × 28
    ────
    760
    ¹1900
    ────
    2660

              ¹
    903
    × 241
    ─────
    1 903
    36120
    ¹180600
    ──────
    217623

    ¹58
    × 20
    ────
    1160

    2 1
    941
    × 703
    ─────
    ₁¹2823
    658700
    ──────
    661523

long division (pages 95-99)

10. 85 ÷ 5 = **17**

12. 702 ÷ 6 = **117**

11. 78 ÷ 5 = **15 r3**

13. 165 ÷ 15 = **11**

      17
    5)85
      5
    ──
     35

      15 r3
    5)78
      5
    ──
     28

      117
    6)702
      6
    ──
     10
      6
    ──
     42

       11
    15)165
      15
    ───
      15
      15

WORKSHEET #15 (Show your work in the boxes.)
addition and subtraction with regrouping (pages 86-89)

1. 325 + 517 = **842**

    ¹
      325
    + 517
      842

2. 8274 + 651 = **8,925**

      ¹
      8274
    + 651
      8925

3. 65 − 17 = **48**

    ⁵¹
    6̸5
    − 17
     48

4. 705 − 28 = **677**

    ⁶ ⁹ ¹
    7̸ 0̸ 5
    − 28
     677

multiplication with regrouping (pages 90-94)

5. 28 × 5 = **140**

6. 76 × 31 = **2,356**

7. 732 × 317 = **232,044**

8. 17 × 50 = **850**

9. 523 × 604 = **315,892**

  ⁴28
×   5
 140

 ¹76
× 31
  ¹76
2280
2356

  ² ¹
  732
× 317
  ¹5124
 ² 7320
219600
232044

 ³17
× 50
 850

 ¹ ¹
 523
× 604
2092
313800
315892

long division (pages 95-99)

10. 57 ÷ 3 = **19**

11. 23 ÷ 4 = **5 r3**

      19
    3)57
      3
     27

12. 780 ÷ 3 = **260**

13. 154 ÷ 11 = **14**

     260
    3)780
     6
     18
     18
      0

      14
    11)154
     11
     44

WORKSHEET #16 (Show your work in the boxes.)
addition and subtraction with regrouping (pages 86-89)

1.   529 + 61 = **590**
 	
     1
   529
 + 61
  590
	2. 4677 + 2593 = **7,270**
	
	  1 1 1
	  4677
	+ 2593
	  7270

3.   3884 − 725 = **3,159**
 	
  7 1
 38⁸4
− 725
 3159
	4. 103 − 25 = **78**
	
	 0 9 1
	 1̶0̶3
	− 25
	  78

multiplication with regrouping (pages 90-94)

5.   34 × 8 = **272**
6.   58 × 64 = **3,712**
7.   955 × 767 = **732,485**
 	
                              3 3
 ³34   ⁴³58   955
 × 8   × 64   × 767
 272   ¹232   ¹6685
           3480   ²57300
           3712   ¹668500
                           732485
	8. 28 × 50 = **1,400**
	9. 753 × 406 = **305,718**
	
	                2 3 1
	 ⁴28 753
	 × 50 × 406
	 1400 4518
	            301200
	            305718

long division (pages 95-99)

10.   95 ÷ 5 = **19**
11.   73 ÷ 6 = **12 r1**
 	
      19   12 r1
 5)95   6)73
    5   6
   45   13
	12. 321 ÷ 3 = **107**
	13. 182 ÷ 13 = **14**
	
	   107
	3)321 14
	  3 13)182
	  2 13
	  0 52
	  21

WORKSHEET #17 (Show your work in the boxes.)
addition and subtraction with regrouping (pages 86-89)

1. 723 + 448 = **1,171** 　　¹ 　723 　+ 448 　1171	2. 2853 + 624 = **3,477** 　　¹ 　2853 　+ 624 　3477
3. 81 − 63 = **18** 　⁷¹ 　8̶1̶ 　− 63 　　18	4. 406 − 57 = **349** 　³ ⁹ ¹ 　4̶0̶6 　− 57 　 349

multiplication with regrouping (pages 90-94)

5.　52 × 9 = **468**

6.　85 × 43 = **3,655**

7.　431 × 652 = **281,012**

8.　53 × 90 = **4,770**

9.　754 × 506 = **381,524**

```
   ¹52         ²¹85              ¹         ²53            ²³²
   × 9         × 43           431          × 90           754
   468          255          × 652         4770          × 506
              3400           ²¹862                      ¹4524
              3655          ¹21550                     377000
                           258600                      381524
                           281012
```

long division (pages 95-99)

10.　70 ÷ 2 = **35**

11.　58 ÷ 9 = **6 r 4**

12.　861 ÷ 7 = **123**

13.　228 ÷ 19 = **12**

```
     35            123
   2)70          7)861            12
     6             7            19)228
    10            16              19
                  14              38
                   21
```

WORKSHEET #18 (Show your work in the boxes.)
addition and subtraction with regrouping (pages 86-89)

1. 377 + 53 = **430**

   1 1
   377
   + 53
   ‾‾‾
   430

2. 2558 + 3627 = **6,185**

   1 1
   2558
   + 3627
   ‾‾‾‾
   6185

3. 4672 − 538 = **4,134**

     6 1
   46⁷2
   − 538
   ‾‾‾‾
   4134

4. 105 − 76 = **29**

   0 9 1
   1̶0̶5
   − 76
   ‾‾‾
     29

multiplication with regrouping (pages 90-94)

5. 28 × 7 = **196**

6. 43 × 76 = **3,268**

7. 451 × 324 = **146,124**

8. 39 × 70 = **2,730**

9. 572 × 308 = **176,176**

   ⁵28
   × 7
   ‾‾‾
   196

   ² ¹43
   × 76
   ‾‾‾
   258
   3010
   ‾‾‾‾
   3268

     1 2
     451
   × 324
   ‾‾‾‾
   ¹1804
    9020
   ₁
   135300
   ‾‾‾‾‾
   146124

   ⁶39
   × 70
   ‾‾‾
   2730

   2 5 1
   572
   × 308
   ‾‾‾‾
   ¹4576
   171600
   ‾‾‾‾‾
   176176

long division (pages 95-99)

10. 68 ÷ 4 = **17**

11. 84 ÷ 5 = **16 r4**

12. 530 ÷ 5 = **106**

13. 240 ÷ 15 = **16**

      17
    4)68
      4
    ‾‾
     28

      16 r4
    5)84
      5
    ‾‾
     34

     106
    5)530
     5
    ‾‾
     3
     0
    ‾‾
     30

      16
    15)240
      15
    ‾‾‾
      90

WORKSHEET #19 (Show your work in the boxes.)

addition and subtraction with regrouping (pages 86-89)

1.   581 + 746 = **1,327**
 	
     ¹
    581
   + 746
   1327
	2. 6252 + 587 = **6,839**
	
	     ¹
	   6252
	 + 587
	   6839

3.   56 − 29 = **27**
 	
   ⁴¹
   5̶6
 − 29
   27
	4. 408 − 39 = **369**
	
	   ³ ⁹ ¹
	   4̶0̶8
	 − 39
	   369

multiplication with regrouping (pages 90-94)

5.   92 × 8 = **736**

6.   59 × 46 = **2,714**

7.   386 × 651 = **251,286**

8.   43 × 60 = **2,580**

9.   785 × 302 = **237,070**

```
                              5 4 3
   ¹92      ³⁵59      386        ¹43       ² ¹ ¹
   × 8      × 46      × 651      × 60      785
   736      ¹354       1 386     2580      × 302
            2360      ·19300               ¹1570
            2714      231600               235500
                      251286               237070
```

long division (pages 95-99)

10.   72 ÷ 6 = **12**

11.   17 ÷ 6 = **2 r 5**

```
       12
    6)72
       6
       12
```

12.   996 ÷ 4 = **249**

13.   234 ÷ 18 = **13**

```
    249              13
  4)996           18)234
    8                18
    19               54
    16
    36
```

WORKSHEET #20 (Show your work in the boxes.)

addition and subtraction with regrouping (pages 86-89)

1. 647 + 75 = **722**

    1 1
    647
    + 75
    ───
    722

2. 5984 + 2328 = **8,312**

    1 1 1
    5984
    + 2328
    ────
    8312

3. 5624 − 351 = **5,273**

    5 1
    5̶6̶24
    − 351
    ────
    5273

4. 604 − 88 = **516**

    5 9 1
    6̶0̶4
    − 88
    ───
    516

multiplication with regrouping (pages 90-94)

5. 77 × 6 = **462**

6. 73 × 86 = **6,278**

7. 672 × 865 = **581,280**

8. 72 × 90 = **6,480**

9. 592 × 305 = **180,560**

    ⁴77
    × 6
    ───
    462

    ² ¹73
    × 86
    ───
    438
    ¹5840
    ────
    6278

    5 4 3 1
    672
    × 865
    ────
    ¹3360
    ¹40320
    537600
    ──────
    581280

    ¹72
    × 90
    ───
    6480

    2 4 1
    592
    × 305
    ────
    ¹ ¹2960
    177600
    ──────
    180560

long division (pages 95-99)

10. 92 ÷ 4 = **23**

11. 59 ÷ 4 = **14 r 3**

12. 924 ÷ 4 = **231**

13. 176 ÷ 11 = **16**

       23
    4)92
      8
     ──
     12

      14 r 3
    4)59
      4
     ──
     19

      231
    4)924
      8
     ──
     12
     12
     ──
      04

       16
    11)176
      11
      ──
      66

WORKSHEET #21 (Show your work in the boxes.)

addition and subtraction with regrouping (pages 86-89)

1. 143 + 674 = **817**
 	
  $^{1}$
  143
  + 674
  817
	2. 8431 + 394 = **8,825**
	
	  $^{1}$
	  8431
	  + 394
	  8825

3. 93 − 57 = **36**
 	
  $^{8\,1}$
  9̸3̸
  − 57
  36
	4. 206 − 78 = **128**
	
	  $^{1\,9\,1}$
	  2̸0̸6
	  − 78
	  128

multiplication with regrouping (pages 90-94)

5. 15 × 7 = **105**	8. 52 × 70 = **3,640**
6. 37 × 74 = **2,738**	9. 258 × 105 = **27,090**
7. 531 × 725 = **384,975**	

$^{3}15$ $^{4\,2}37$ $^{2\,1}531$ $^{1}52$ $^{2\,4}258$
× 7   × 74   × 725   × 70   × 105
105   $^{1}148$ $^{1}2655$ 3640 $^{1}1290$
     2590   10620   25800
     2738   371700   27090
            384975

long division (pages 95-99)

10. 78 ÷ 6 = **13**
 	
11. 37 ÷ 8 = **4 r 5**
 	
  13
  6)78
  6
  18
	12. 615 ÷ 5 = **123**
	
	13. 209 ÷ 11 = **19**
	
	  123
	  5)615 19
	  5$$ 11)209
	  11 11$$
	  10 99
	  15

125

WORKSHEET #22 (Show your work in the boxes.)
addition and subtraction with regrouping (pages 86-89)

1. 279 + 81 = **360**

   1 1
   279
   + 81
   360

2. 7356 + 2479 = **9,835**

   1 1
   7356
   + 2479
   9835

3. 6428 − 795 = **5,633**

   5 13 1
   6̷4̷28
   − 795
   5633

4. 401 − 76 = **325**

   3 9 1
   4̷0̷1
   − 76
   325

multiplication with regrouping (pages 90-94)

5. 93 × 4 = **372**

8. 49 × 50 = **2,450**

6. 48 × 61 = **2,928**

9. 773 × 306 = **236,538**

7. 923 × 356 = **328,588**

   ¹93
   × 4
   372

   ⁴48
   × 61
   ₁ 48
   2880
   2928

   1 1
   923
   × 356
   ¹5538
   ¹46150
   ¹276900
   328588

   ⁴49
   × 50
   2450

   2 4 1
   773
   × 306
   ¹4638
   231900
   236538

long division (pages 95-99)

10. 98 ÷ 2 = **49**

12. 882 ÷ 6 = **147**

11. 83 ÷ 7 = **11 r6**

13. 450 ÷ 30 = **15**

    49
    2)98
    8
    18

    11 r6
    7)83
    7
    13

    147
    6)882
    6
    28
    24
    42

    15
    30)450
    30
    150

WORKSHEET #23 (Show your work in the boxes.)
addition and subtraction with regrouping (pages 86-89)

1.   724 + 958 = **1,682**
 	
     1
    724
   + 958
   1682
	2. 3538 + 971 = **4,509**
	
	   1 1
	   3538
	   + 971
	   4509

3.   42 − 17 = **25**
 	
    3 1
    4̶2̶
   − 17
     25
	4. 903 − 54 = **849**
	
	   8 9 1
	   9̶ 0̶ 3
	   − 54
	    849

multiplication with regrouping (pages 90-94)

5.   38 × 7 = **266**   8.   29 × 90 = **2,610**

6.   13 × 86 = **1,118**   9.   643 × 504 = **324,072**

7.   240 × 443 = **106,320**

⁵38
 × 7
 266
	² ¹13
	 × 86
	 ₁ 78
	 1040
	 1118
		1
		   240
		 × 443
		   720
		 ¹9600
		 ¹96000
		 106320
			⁸29
			 × 90
			 2610
				² ¹ ¹
				   643
				 × 504
				 ¹2572
				 321500
				 324072

long division (pages 95-99)

10.   63 ÷ 3 = **21**
 11.   48 ÷ 9 = **5 r3**
 	
      21
   3)63
     6
     3
	12. 872 ÷ 4 = **218**
	 13. 204 ÷ 12 = **17**
	
	    218 17
	 4)872 12)204
	    8 12
	    7 84
	    4
	   32

WORKSHEET #24 (Show your work in the boxes.)

addition and subtraction with regrouping (pages 86-89)

1. 388 + 90 = **478**

   $^{1}$
   388
   + 90
   ───
   478

2. 7505 + 1496 = **9,001**

   $^{1\,1\,1}$
   7505
   + 1496
   ─────
   9001

3. 7951 − 683 = **7,268**

   $^{8\,14\,1}$
   7̶9̶5̶1
   − 683
   ─────
   7268

4. 500 − 63 = **437**

   $^{4\,9\,1}$
   5̶0̶0
   − 63
   ────
   437

multiplication with regrouping (pages 90-94)

5. 59 × 3 = **177**

6. 37 × 48 = **1,776**

7. 385 × 154 = **59,290**

8. 38 × 60 = **2,280**

9. 751 × 209 = **156,959**

```
                           432
  ²59         ²⁵37         385          ⁴38          ¹⁴
  × 3         × 48        × 154         × 60         751
  ───         ───         ────          ───        × 209
  177        ¹296        ¹1540         2280        ─────
             1480       ¹19250                     6759
             ────        38500                    150200
             1776        59290                    156959
```

long division (pages 95-99)

10. 60 ÷ 5 = **12**

11. 75 ÷ 4 = **18 r 3**

12. 805 ÷ 7 = **115**

13. 325 ÷ 25 = **13**

```
                               115
   12         18 r 3         7)805            13
 5)60        4)75              7            25)325
   5           4              ──              25
  ──          ──              10              ──
  10          35               7              75
                              ──
                              35
```

WORKSHEET #25 (Show your work in the boxes.)

addition and subtraction with regrouping (pages 86-89)

1. 367 + 883 = **1,250**

    $$\begin{array}{r} {}^{1\,1} \\ 367 \\ +\,883 \\ \hline 1250 \end{array}$$

2. 1256 + 784 = **2,040**

    $$\begin{array}{r} {}^{1\,1\,1} \\ 1256 \\ +\,784 \\ \hline 2040 \end{array}$$

3. 56 − 28 = **28**

    $$\begin{array}{r} {}^{4\,1} \\ \cancel{5}6 \\ -\,28 \\ \hline 28 \end{array}$$

4. 205 − 37 = **168**

    $$\begin{array}{r} {}^{1\,9\,1} \\ \cancel{2}\cancel{0}5 \\ -\,37 \\ \hline 168 \end{array}$$

multiplication with regrouping (pages 90-94)

5. 42 × 7 = **294**

6. 56 × 27 = **1,512**

7. 690 × 754 = **520,260**

    $$\begin{array}{r} {}^{1}42 \\ \times\,7 \\ \hline 294 \end{array}$$

    $$\begin{array}{r} {}^{1\,4}56 \\ \times\,27 \\ \hline {}^{1}392 \\ 1120 \\ \hline 1512 \end{array}$$

    $$\begin{array}{r} {}^{6\,4\,3} \\ 690 \\ \times\,754 \\ \hline {}^{1}2760 \\ {}^{1}34500 \\ {}^{1}483000 \\ \hline 520260 \end{array}$$

8. 38 × 60 = **2,280**

9. 936 × 708 = **662,688**

    $$\begin{array}{r} {}^{4}38 \\ \times\,60 \\ \hline 2280 \end{array}$$

    $$\begin{array}{r} {}^{2\,4} \\ 936 \\ \times\,708 \\ \hline {}_{1}\,7488 \\ 655200 \\ \hline 662688 \end{array}$$

long division (pages 95-99)

10. 84 ÷ 6 = **14**

11. 31 ÷ 6 = **5 r 1**

    $$\begin{array}{r} 14 \\ 6\overline{)84} \\ \underline{6} \\ 24 \end{array}$$

12. 830 ÷ 2 = **415**

13. 160 ÷ 10 = **16**

    $$\begin{array}{r} 415 \\ 2\overline{)830} \\ \underline{8} \\ 3 \\ \underline{2} \\ 10 \end{array}$$

    $$\begin{array}{r} 16 \\ 10\overline{)160} \\ \underline{10} \\ 60 \end{array}$$

WORKSHEET #26 (Show your work in the boxes.)
addition and subtraction with regrouping (pages 86-89)

1. 748 + 63 = **811**

    1 1
    748
    + 63
    811

2. 6422 + 1738 = **8,160**

    1 1
    6422
    + 1738
    8160

3. 3556 − 278 = **3,278**

    4 14 1
    3556
    − 278
    3278

4. 403 − 77 = **326**

    3 9 1
    403
    − 77
    326

multiplication with regrouping (pages 90-94)

5. 64 × 9 = **576**

6. 63 × 29 = **1,827**

7. 673 × 352 = **236,896**

8. 63 × 50 = **3,150**

9. 604 × 507 = **306,228**

    ³64
    × 9
    576

    ²63
    × 29
    ¹567
    1260
    1827

    2 3 1 1
    673
    × 352
    ¹1346
    33650
    201900
    236896

    ¹63
    × 50
    3150

    2
    604
    × 507
    4228
    302000
    306228

long division (pages 95-99)

10. 76 ÷ 4 = **19**

11. 92 ÷ 6 = **15 r 2**

12. 710 ÷ 5 = **142**

13. 176 ÷ 16 = **11**

    19
    4)76
    4
    36

    15 r 2
    6)92
    6
    32

    142
    5)710
    5
    21
    20
    10

    11
    16)176
    16
    16
    16

WORKSHEET #27 (Show your work in the boxes.)
addition and subtraction with regrouping (pages 86-89)

1. 851 + 729 = **1,580**

    $^{1}$
    851
    + 729
    ‾
    1580

2. 7452 + 981 = **8,433**

    $^{11}$
    7452
    + 981
    ‾
    8433

3. 32 − 15 = **17**

    ^{2}^{1}
    3̸2
    − 15
    ‾
    17

4. 801 − 58 = **743**

    ^{7} ^{9} ^{1}
    8̸ 0̸ 1
    − 58
    ‾
    743

multiplication with regrouping (pages 90-94)

5. 74 × 5 = **370**

6. 28 × 46 = **1,288**

7. 483 × 932 = **450,156**

    ^{2}74
    × 5
    ‾
    370

    $^{3\,4}$28
    × 46
    ‾
    168
    1120
    ‾
    1288

    $^{7\,2\,1\,2}$
    483
    × 932
    ‾
    $_{2}$1966
    ⁻14490
    434700
    ‾
    450156

8. 29 × 70 = **2,030**

9. 584 × 605 = **353,320**

    ^{6}29
    × 70
    ‾
    2030

    $^{5\,4\,2}$
    584
    × 605
    ‾
    ^{1}2920
    350400
    ‾
    353320

long division (pages 95-99)

10. 81 ÷ 3 = **27**

11. 17 ÷ 4 = **4 r1**

    27
    3)81‾
    6‾
    21

12. 921 ÷ 3 = **307**

13. 252 ÷ 21 = **12**

    307
    3)921‾
    9‾
    2
    0‾
    21

    12
    21)252‾
    21‾
    42

WORKSHEET #28 (Show your work in the boxes.)

addition and subtraction with regrouping (pages 86-89)

1. 471 + 83 = **554**

   $^{1}$
   471
   + 83
   ―――
   554

2. 6973 + 2559 = **9,532**

   $^{1\,1\,1}$
   6973
   + 2559
   ―――
   9532

3. 5266 − 197 = **5,069**

   $^{1\,15\,1}$
   5̶2̶6̶6
   − 197
   ―――
   5069

4. 601 − 34 = **567**

   $^{5\,9\,1}$
   6̶0̶1
   − 34
   ―――
   567

multiplication with/without regrouping (pages 90-94)

5. 58 × 7 = **406**

6. 48 × 56 = **2,688**

7. 507 × 934 = **473,538**

8. 49 × 10 = **490**

9. 762 × 604 = **460,248**

   ^{5}58
   × 7
   ―――
   406

   ^{4}48
   × 56
   ―――
   288
   2400
   ―――
   2688

   $^{6\,2}$
   507
   × 934
   ―――
   2028
   ^{1}15210
   456300
   ―――
   473538

   49
   × 10
   ―――
   490

   $^{3\,2\,1}$
   762
   × 604
   ―――
   $_{1}$ 3048
   457200
   ―――
   460248

long division (pages 95-99)

10. 69 ÷ 3 = **23**

11. 63 ÷ 4 = **15 r3**

12. 875 ÷ 7 = **125**

13. 338 ÷ 26 = **13**

   23
   3)69
   6
   ―
   9

   15 r3
   4)63
   4
   ―
   23

   125
   7)875
   7
   ―
   17
   14
   ―
   35

   13
   26)338
   26
   ―――
   78

WORKSHEET #29 (Show your work in the boxes.)
addition and subtraction with regrouping (pages 86-89)

1.   184 + 579 = **763**
 	
     1 1
     184
  + 579
     763
	2. 7315 + 395 = **7,710**
	
	     1 1
	    7315
	  + 395
	    7710

3.   67 − 29 = **38**
 	
     5 1
     6̸7
  − 29
     38
	4. 905 − 56 = **849**
	
	     8 9 1
	     9̸0̸5
	  − 56
	     849

multiplication with regrouping (pages 90-94)

5.   18 × 4 = **72**

6.   97 × 35 = **3,395**

7.   713 × 622 = **443,486**

8.   75 × 40 = **3,000**

9.   503 × 604 = **303,812**

```
  ³18        ² ³97           713          ²75          503
  × 4        × 35         × 622          × 40        × 604
   72         485         ¹1426         3000         2012
            ¹2910        ¹˙4260                     301800
             3395         427800                    303812
                          443486
```

long division (pages 95-99)

10.   90 ÷ 5 = **18**

11.   42 ÷ 9 = **4 r 6**

12.   852 ÷ 4 = **213**

13.   270 ÷ 18 = **15**

```
      18              213
   5)90            4)852             15
      5               8           18)270
     40               5              18
                      4              90
                     12
```

WORKSHEET #30 (Show your work in the boxes.)

addition and subtraction with regrouping (pages 86-89)

1. 725 + 49 = **774**

    1
    725
    + 49
    774

2. 1748 + 4835 = **6,583**

    1 1
    1748
    + 4835
    6583

3. 8936 − 719 = **8,217**

    2 1
    893̸6
    − 719
    8217

4. 803 − 55 = **748**

    7 9 1
    8̸0̸3
    − 55
    748

multiplication with regrouping (pages 90-94)

5. 77 × 4 = **308**

6. 95 × 38 = **3,610**

7. 752 × 265 = **199,280**

8. 57 × 30 = **1,710**

9. 438 × 103 = **45,114**

    ²77
    × 4
    308

    ¹⁴95
    × 38
    ¹760
    ¹2850
    3610

    1 3 2 1
    752
    × 265
    ¹3760
    45120
    150400
    199280

    ²57
    × 30
    1710

    1 2
    438
    × 103
    ¹1314
    43800
    45114

long division (pages 95-99)

10. 96 ÷ 4 = **24**

11. 93 ÷ 6 = **15 r3**

    24
    4)96
    8
    16

    15 r3
    6)93
    6
    33

12. 216 ÷ 2 = **108**

13. 312 ÷ 13 = **24**

    108
    2)216
    2
    1
    0
    16

    24
    13)312
    26
    52

WORKSHEET #31 (Show your work in the boxes.)
addition and subtraction with regrouping (pages 86-89)

1. 529 + 418 = **947**

    ¹
      529
    + 418
    ────
      947

2. 2813 + 697 = **3,510**

    ¹ ¹ ¹
    2813
    + 697
    ────
    3510

3. 35 − 17 = **18**

    ² ¹
    ~~3~~5
    − 17
    ────
      18

4. 503 − 47 = **456**

    ⁴ ⁹ ¹
    ~~5~~ ~~0~~3
    − 47
    ────
     456

multiplication with regrouping (pages 90-94)

5. 54 × 7 = **378**

6. 74 × 25 = **1,850**

7. 485 × 223 = **108,155**

8. 63 × 90 = **5,670**

9. 320 × 907 = **290,240**

  ²54   ²74   ¹²¹ 485   ²63   ¹ 320
× 7   × 25   × 223   × 90   × 907
378   ¹370   ¹1455   5670   ₁ 2240
          1480   9700   288000
          1850   97000   290240
                     108155

long division (pages 95-99)

10. 84 ÷ 7 = **12**

11. 50 ÷ 8 = **6 r2**

12. 915 ÷ 3 = **305**

13. 286 ÷ 22 = **13**

   12
7)84
   7
   ──
   14

   305
3)915
   9
   ──
   1
   0
   ──
   15

    13
22)286
    22
    ──
    66

WORKSHEET #32 (Show your work in the boxes.)

addition and subtraction with regrouping (pages 86-89)

1. 683 + 28 = **711**

    $^1{}^1$
    683
    + 28
    ―――
    711

2. 5073 + 2556 = **7,629**

    ^{1}
    5073
    + 2556
    ―――
    7629

3. 1794 − 537 = **1,257**

    $^8{}^1$
    17̶9̶4
    − 537
    ―――
    1257

4. 607 − 59 = **548**

    $^5{}^9{}^1$
    6̶0̶7
    − 59
    ―――
    548

multiplication with regrouping (pages 90-94)

5. 83 × 5 = **415**

6. 73 × 47 = **3,431**

7. 946 × 165 = **156,090**

8. 27 × 60 = **1,620**

9. 250 × 705 = **176,250**

```
                            2 3
  ¹83        ¹²73          946              ⁴27          ³²
  × 5        × 47         × 165            × 60         250
  ―――        ―――          ―――              ―――         × 705
  415        511          ²4730            1620         ―――
             ¹2920        ¹56760                        1250
             ―――          94600                         175000
             3431         ―――                           ―――
                          156090                        176250
```

long division (pages 95-99)

10. 72 ÷ 3 = **24**

11. 53 ÷ 4 = **13 r1**

12. 872 ÷ 4 = **218**

13. 399 ÷ 19 = **21**

```
   24        13r1        218           21
 3)72      4)53        4)872        19)399
   6         4           8             38
   ―         ―           ―             ―
   12        13          7             19
                         4
                         ―
                         32
```

WORKSHEET #33 (Show your work in the boxes.)
addition and subtraction with regrouping (pages 86-89)

1.   459 + 732 = **1,191**
 	
      1
    459
  + 732
   1191
	2. 2528 + 335 = **2,863**
	
	      1
	    2528
	   + 335
	    2863

3.   46 − 29 = **17**
 	
    3 1
    ₄̸6
   − 29
     17
	4. 301 − 55 = **246**
	
	   2 9 1
	    3̸0̸1
	   − 55
	    246

Multiplication with regrouping (pages 90-94)

5. 36 × 4 = **144**	8. 24 × 70 = **1,680**
6. 37 × 49 = **1,813**	9. 574 × 109 = **62,566**
7. 742 × 583 = **432,586**	

2 3 1 1
    ²36   ² ⁶37   742
   × 4   × 49   × 583
    144   ¹333   2226
           1480   ¹59360
           1813   ¹371000
                     432586
	6 3
	   ²24 574
	   × 70 × 109
	   1680 5166
	          ¹57400
	         62566

long division (pages 95-99)

10. 48 ÷ 3 = **16**	12. 790 ÷ 5 = **158**
11. 61 ÷ 7 = **8 r 5**	13. 242 ÷ 22 = **11**

16
 3)48
     3
    18
	158
	 5)790 11
	     5 22)242
	    29 22
	    25 22
	    40

WORKSHEET #34 (Show your work in the boxes.)

addition and subtraction with regrouping (pages 86-89)

1. 183 + 67 = **250**

   $^{1\,1}$
   183
   + 67

   250

2. 4489 + 5265 = **9,754**

   $^{1\,1}$
   4489
   + 5265

   9754

3. 2577 − 398 = **2,179**

   $^{4\,16\,1}$
   25̸7̸7
   − 398

   2179

4. 901 − 45 = **856**

   $^{8\,9\,1}$
   9̸0̸1
   − 45

   856

multiplication with regrouping (pages 90-94)

5. 76 × 7 = **532**

6. 95 × 62 = **5,890**

7. 238 × 655 = **155,890**

8. 44 × 80 = **3,520**

9. 694 × 208 = **144,352**

   ^{4}76
   × 7

   532

   ^{3}^{1}95
   × 62

   190
   5700

   5890

   $^{2\,1\,4}$
   238
   × 655
   ---
   ^{1}1190
   11900
   142800

   155890

   ^{3}44
   × 80

   3520

   $^{1\,7\,3}$
   694
   × 208

   $_1$^{1}5552
   138800

   144352

long division (pages 95-99)

10. 90 ÷ 6 = **15**

11. 86 ÷ 7 = **12 r 2**

12. 915 ÷ 3 = **305**

13. 308 ÷ 14 = **22**

```
     15              12 r 2
   6)90            7)86
     6               7
     ---             ---
     30              16
```

```
      305             22
   3)915          14)308
     9               28
     ---             ---
     1               28
     0
     ---
     15
```

WORKSHEET #35 (Show your work in the boxes.)

addition and subtraction with regrouping (pages 86-89)

1. 907 + 394 = **1,301**
 	
  1 1
   907
  + 394
  ---- 	
  1301
	2. 4771 + 652 = **5,423**
	
	  1 1
	   4771
	  + 652
	  ---- 	
	  5423

3. 73 − 26 = **47**
 	
  6 1
  7̸3
  − 26
  ---- 	
   47
	4. 208 − 49 = **159**
	
	  1 9 1
	  2̸0̸8
	  − 49
	  ---- 	
	  159

multiplication with regrouping (pages 90-94)

5. 67 × 5 = **335**

6. 74 × 46 = **3,404**

7. 524 × 765 = **400,860**

8. 63 × 90 = **5,670**

9. 283 × 305 = **86,315**

```
                                    1 2                           2 4 1
 ³67         1 ²74              524              ²63              283
 × 5         × 46              × 765            × 90             × 305
 ---         ----              -----            ----             -----
 335         ¹444              ¹2620            5670             ¹1415
             ¹2960             ⁻31440                            84900
             ----              ¹356800                           -----
             3404              -------                           86315
                               400860
```

long division (pages 95-99)

10. 96 ÷ 6 = **16**

11. 32 ÷ 5 = **6 r 2**

```
     16
   ----
 6)96
    6
   --
    36
```

12. 952 ÷ 4 = **238**

13. 544 ÷ 17 = **32**

```
    238                32
  ----              ----
4)952             17)544
   8                 51
  --                 --
   15                 34
   12
   --
    32
```

WORKSHEET #36 (Show your work in the boxes.)

addition and subtraction with regrouping (pages 86-89)

1. 740 + 95 = **835**

    ^{1}740
    + 95

    835

2. 3058 + 6435 = **9,493**

    ^{1}3058
    + 6435

    9493

3. 1745 − 469 = **1,276**

    $^{6\ 13\ 1}$1745
    − 469

    1276

4. 603 − 57 = **546**

    $^{5\ 9\ 1}$603
    − 57

    546

multiplication with regrouping (pages 90-94)

5. 46 × 9 = **414**

6. 76 × 43 = **3,268**

7. 750 × 793 = **594,750**

    ^{5}46
    × 9

    414

    ^{2}^{1}76
    × 43

    228
    3040

    3268

    $^{3\ 4\ 1}$750
    × 793

    2250
    ^{1}67500
    525000

    594750

8. 56 × 30 = **1,680**

9. 583 × 402 = **234,366**

    ^{1}56
    × 30

    1680

    $^{3\ 1\ 1}$583
    × 402

    1166
    233200

    234366

long division (pages 95-99)

10. 70 ÷ 5 = **14**

11. 59 ÷ 4 = **14 r3**

    ```
       14
    5)70
       5
      --
      20
    ```

    ```
       14 r3
    4)59
       4
      --
      19
    ```

12. 645 ÷ 3 = **215**

13. 156 ÷ 13 = **12**

    ```
       215
    3)645
       6
      --
       4
       3
      --
       15
    ```

    ```
       12
    13)156
       13
      ---
       26
    ```

WORKSHEET #37 (Show your work in the boxes.)

addition and subtraction with regrouping (pages 86-89)

1. 285 + 497 = **782**

    1 1
    285
    + 497
    ‾‾‾‾
    782

2. 8659 + 734 = **9,393**

    1 1
    8659
    + 734
    ‾‾‾‾
    9393

3. 45 − 18 = **27**

    3 1
    4̸5̸
    − 18
    ‾‾‾‾
    27

4. 507 − 38 = **469**

    4 9 1
    5̸0̸7̸
    − 38
    ‾‾‾‾
    469

multiplication with regrouping (pages 90-94)

5. 46 × 3 = **138**

6. 98 × 72 = **7,056**

7. 712 × 355 = **252,760**

8. 15 × 70 = **1,050**

9. 452 × 603 = **272,556**

```
                            1                      3 1 1
 ¹46       ⁵¹98         712        ³15          452
 × 3       × 72       × 355       × 70        × 603
 ‾‾‾       ‾‾‾‾       ‾‾‾‾‾       ‾‾‾‾        ‾‾‾‾‾
 138       ¹196        ¹3560      1050         1356
           ¹6860      ¹35600                 271200
           ‾‾‾‾‾       ‾‾‾‾‾‾                ‾‾‾‾‾‾
           7056        213600                272556
                      ‾‾‾‾‾‾‾
                      252760
```

long division (pages 95-99)

10. 52 ÷ 4 = **13**

11. 17 ÷ 3 = **5 r 2**

    ```
      13
    4)52
      4
      ‾
      12
    ```

12. 975 ÷ 3 = **325**

13. 180 ÷ 15 = **12**

    ```
      325
    3)975
      9
      ‾
      7
      6
      ‾
      15
    ```

    ```
       12
    15)180
       15
       ‾‾
       30
    ```

WORKSHEET #38 (Show your work in the boxes.)

addition and subtraction with regrouping (pages 86-89)

1. 238 + 53 = **291**

   1
   238
   + 53
   291

2. 5680 + 3944 = **9,624**

   1 1
   5680
   + 3944
   9624

3. 9452 − 276 = **9,176**

   3 14 1
   9̶4̶5̶2
   − 276
   9176

4. 306 − 78 = **228**

   2 9 1
   3̶0̶6
   − 78
   228

multiplication with regrouping (pages 90-94)

5. 63 × 7 = **441**

8. 72 × 50 = **3,600**

6. 54 × 38 = **2,052**

9. 647 × 304 = **196,688**

7. 402 × 731 = **293,862**

   ²63
   × 7
   441

   ¹³54
   × 38
   432
   ¹1620
   2052

   1
   402
   × 731
   402
   12060
   281400
   293862

   ¹72
   × 50
   3600

   1 2
   647
   × 304
   2588
   194100
   196688

long division (pages 95-99)

10. 56 ÷ 4 = **14**

12. 956 ÷ 4 = **239**

11. 85 ÷ 7 = **12 r1**

13. 294 ÷ 14 = **21**

   14
   4)56
   4
   16

   12 r1
   7)85
   7
   15

   239
   4)956
   8
   15
   12
   36

   21
   14)294
   28
   14

Name: _____   Time: _____

WORKSHEET #39

> There are two rules for **adding integers**.
> 1. If the integers have the same signs, add the numbers; then record the sign of the numbers you added in the sum.
> 2. If the integers have <u>different signs</u>, pretend momentarily that they have no sign at all. Then, subtract the smaller number from the larger number and record the sign from the largest number. (Remember that if there is no sign, the number is positive. Also remember that zero is not positive or negative.)

9 + ⁻4 = **5**	2 + ⁻4 = **⁻2**	⁻1 + ⁻1 = **⁻2**	⁻1 + ⁻4 = **⁻5**	⁻2 + 2 = **0**
⁻6 + 8 = **2**	3 + ⁻3 = **0**	⁻1 + 3 = **2**	⁻5 + ⁻5 = **⁻10**	⁻5 + ⁻4 = **⁻9**
⁻3 + 9 = **6**	⁻2 + 5 = **3**	2 + ⁻8 = **⁻6**	⁻8 + 3 = **⁻5**	⁻1 + ⁻7 = **⁻8**
⁻3 + ⁻5 = **⁻8**	⁻5 + 6 = **1**	⁻3 + ⁻8 = **⁻11**	2 + ⁻1 = **1**	8 + ⁻9 = **⁻1**
⁻3 + ⁻2 = **⁻5**	⁻4 + ⁻7 = **⁻11**	⁻4 + 3 = **⁻1**	3 + ⁻6 = **⁻3**	6 + ⁻5 = **1**
⁻3 + 4 = **1**	⁻6 + ⁻6 = **⁻12**	4 + ⁻5 = **⁻1**	⁻2 + 9 = **7**	⁻1 + 6 = **5**
1 + ⁻8 = **⁻7**	⁻8 + 2 = **⁻6**	⁻5 + ⁻7 = **⁻12**	⁻4 + 6 = **2**	⁻3 + 1 = **⁻2**
⁻4 + 4 = **0**	4 + ⁻2 = **2**	⁻8 + ⁻4 = **⁻12**	⁻5 + ⁻3 = **⁻8**	⁻4 + 9 = **5**
⁻7 + 5 = **⁻2**	1 + ⁻5 = **⁻4**	7 + ⁻6 = **1**	⁻9 + ⁻2 = **⁻11**	⁻7 + ⁻7 = **⁻14**
7 + ⁻2 = **5**	⁻1 + 9 = **8**	⁻8 + 1 = **⁻7**	5 + ⁻8 = **⁻3**	2 + ⁻7 = **⁻5**
⁻4 + ⁻1 = **⁻5**	⁻9 + ⁻3 = **⁻12**	⁻5 + 2 = **⁻3**	6 + ⁻4 = **2**	6 + ⁻3 = **3**
⁻2 + ⁻3 = **⁻5**	⁻8 + ⁻5 = **⁻13**	⁻7 + 9 = **2**	⁻8 + 6 = **⁻2**	7 + ⁻8 = **⁻1**
8 + ⁻7 = **1**	7 + ⁻1 = **6**	⁻8 + ⁻8 = **⁻16**	⁻9 + ⁻1 = **⁻10**	⁻5 + 9 = **4**
6 + ⁻7 = **⁻1**	5 + ⁻1 = **4**	⁻6 + ⁻9 = **⁻15**	⁻6 + ⁻2 = **⁻8**	⁻2 + ⁻6 = **⁻8**
⁻7 + 3 = **⁻4**	4 + ⁻8 = **⁻4**	9 + ⁻5 = **4**	⁻6 + ⁻1 = **⁻7**	⁻9 + ⁻6 = **⁻15**
⁻3 + 7 = **4**	⁻9 + 7 = **⁻2**	⁻7 + 4 = **⁻3**	9 + ⁻8 = **1**	1 + ⁻2 = **⁻1**
⁻9 + ⁻9 = **⁻18**				

Name: _____   Time: _____

WORKSHEET #40

There are two rules for **adding integers**.
1. If the integers have the same signs, add the numbers; then record the sign of the numbers you added in the sum.
2. If the integers have <u>different signs</u>, pretend momentarily that they have no sign at all. Then, subtract the smaller number from the larger number and record the sign from the largest number. (Remember that if there is no sign, the number is positive. Also remember that zero is not positive or negative.)

$(-9) + 4 = \mathbf{-5}$	$(-7) + 1 = \mathbf{-6}$	$1 + (-1) = \mathbf{0}$	$2 + (-6) = \mathbf{-4}$	$-2 + -2 = \mathbf{-4}$
$1 + (-4) = \mathbf{-3}$	$(-3) + 3 = \mathbf{0}$	$6 + (-9) = \mathbf{-3}$	$5 + (-5) = \mathbf{0}$	$-2 + -5 = \mathbf{-7}$
$-3 + -9 = \mathbf{^-12}$	$(-1) + 5 = \mathbf{4}$	$(-2) + 8 = \mathbf{6}$	$(-2) + 7 = \mathbf{5}$	$1 + (-7) = \mathbf{-6}$
$(-6) + 7 = \mathbf{1}$	$-5 + -6 = \mathbf{^-11}$	$(-3) + 6 = \mathbf{3}$	$(-2) + 1 = \mathbf{-1}$	$(-7) + 2 = \mathbf{-5}$
$3 + (-2) = \mathbf{1}$	$9 + (-3) = \mathbf{6}$	$-4 + -3 = \mathbf{-7}$	$9 + (-2) = \mathbf{7}$	$(-6) + 5 = \mathbf{-1}$
$(-6) + 4 = \mathbf{-2}$	$6 + (-6) = \mathbf{0}$	$-8 + -1 = \mathbf{-9}$	$-2 + -9 = \mathbf{^-11}$	$(-4) + 5 = \mathbf{1}$
$(-1) + 8 = \mathbf{7}$	$-8 + -2 = \mathbf{^-10}$	$5 + (-7) = \mathbf{-2}$	$(-7) + 8 = \mathbf{1}$	$-3 + -1 = \mathbf{-4}$
$5 + (-4) = \mathbf{1}$	$(-4) + 2 = \mathbf{-2}$	$4 + (-7) = \mathbf{-3}$	$5 + (-3) = \mathbf{2}$	$2 + (-3) = \mathbf{-1}$
$-7 + -5 = \mathbf{^-12}$	$(-4) + 8 = \mathbf{4}$	$(-7) + 6 = \mathbf{-1}$	$(-2) + 4 = \mathbf{2}$	$7 + (-7) = \mathbf{0}$
$9 + (-1) = \mathbf{8}$	$-1 + -9 = \mathbf{^-10}$	$-4 + -4 = \mathbf{-8}$	$(-5) + 8 = \mathbf{3}$	$3 + (-5) = \mathbf{-2}$
$4 + (-1) = \mathbf{3}$	$-7 + -9 = \mathbf{^-16}$	$-5 + -2 = \mathbf{-7}$	$3 + (-8) = \mathbf{-5}$	$(-6) + 3 = \mathbf{-3}$
$-3 + -4 = \mathbf{-7}$	$8 + (-5) = \mathbf{3}$	$-4 + -6 = \mathbf{^-10}$	$-8 + -6 = \mathbf{^-14}$	$-1 + -6 = \mathbf{-7}$
$(-8) + 7 = \mathbf{-1}$	$(-1) + 2 = \mathbf{1}$	$8 + (-8) = \mathbf{0}$	$8 + (-4) = \mathbf{4}$	$-5 + -9 = \mathbf{^-14}$
$-1 + -3 = \mathbf{-4}$	$(-5) + 1 = \mathbf{-4}$	$-3 + -7 = \mathbf{^-10}$	$6 + (-2) = \mathbf{4}$	$(-8) + 9 = \mathbf{1}$
$-7 + -3 = \mathbf{^-10}$	$-4 + -9 = \mathbf{^-13}$	$(-9) + 5 = \mathbf{-4}$	$-8 + -3 = \mathbf{^-11}$	$9 + (-6) = \mathbf{3}$
$-6 + -8 = \mathbf{^-14}$	$-9 + -7 = \mathbf{^-16}$	$-7 + -4 = \mathbf{^-11}$	$(-9) + 8 = \mathbf{-1}$	$6 + (-1) = \mathbf{5}$
$9 + (-9) = \mathbf{0}$				

Name: _____   Time: _____

WORKSHEET #41

There are two rules for **adding integers**.
1. If the integers have the same signs, add the numbers; then record the sign of the numbers you added in the sum.
2. If the integers have different signs, pretend momentarily that they have no sign at all. Then, subtract the smaller number from the larger number and record the sign from the largest number. (Remember that if there is no sign, the number is positive. Also remember that zero is not positive or negative.)

⁻9 + ⁻4 = **⁻13**	⁻7 + ⁻1 = **⁻8**	⁻1 + 1 = **0**	⁻6 + ⁻7 = **⁻13**	2 + ⁻2 = **0**
⁻6 + 9 = **3**	⁻3 + ⁻3 = **⁻6**	⁻8 + ⁻9 = **⁻17**	⁻5 + 5 = **0**	⁻3 + ⁻6 = **⁻9**
3 + ⁻9 = **⁻6**	6 + ⁻8 = **⁻2**	⁻2 + ⁻8 = **⁻10**	1 + ⁻3 = **⁻2**	⁻1 + 7 = **6**
⁻3 + 8 = **5**	5 + ⁻6 = **⁻1**	⁻1 + ⁻5 = **⁻6**	⁻2 + ⁻1 = **⁻3**	⁻1 + 4 = **3**
⁻3 + 2 = **⁻1**	8 + ⁻3 = **5**	4 + ⁻3 = **1**	⁻9 + 1 = **⁻8**	⁻6 + ⁻5 = **⁻11**
⁻2 + ⁻7 = **⁻9**	⁻6 + 6 = **0**	⁻9 + 3 = **⁻6**	2 + ⁻9 = **⁻7**	⁻3 + 5 = **2**
⁻1 + ⁻8 = **⁻9**	⁻9 + 2 = **⁻7**	⁻5 + 7 = **2**	⁻2 + 6 = **4**	3 + ⁻1 = **2**
⁻5 + 4 = **⁻1**	⁻4 + ⁻2 = **⁻6**	2 + ⁻5 = **⁻3**	⁻5 + 3 = **⁻2**	⁻6 + 1 = **⁻5**
7 + ⁻5 = **2**	⁻2 + ⁻4 = **⁻6**	⁻7 + ⁻6 = **⁻13**	1 + ⁻6 = **⁻5**	⁻7 + 7 = **0**
⁻2 + 3 = **1**	1 + ⁻9 = **⁻8**	4 + ⁻4 = **0**	⁻5 + ⁻8 = **⁻13**	8 + ⁻2 = **6**
⁻4 + 1 = **⁻3**	⁻4 + ⁻5 = **⁻9**	5 + ⁻2 = **3**	⁻7 + ⁻8 = **⁻15**	⁻6 + ⁻3 = **⁻9**
⁻7 + ⁻2 = **⁻9**	⁻8 + 5 = **⁻3**	4 + ⁻6 = **⁻2**	8 + ⁻6 = **2**	3 + ⁻4 = **⁻1**
⁻8 + ⁻7 = **⁻15**	⁻8 + 4 = **⁻4**	⁻8 + 8 = **0**	8 + ⁻1 = **7**	5 + ⁻9 = **⁻4**
⁻6 + ⁻4 = **⁻10**	⁻5 + ⁻1 = **⁻6**	3 + ⁻7 = **⁻4**	⁻6 + 2 = **⁻4**	⁻1 + ⁻2 = **⁻3**
7 + ⁻3 = **4**	7 + ⁻9 = **⁻2**	⁻9 + ⁻5 = **⁻14**	⁻4 + ⁻8 = **⁻12**	⁻9 + 6 = **⁻3**
4 + ⁻9 = **⁻5**	9 + ⁻7 = **2**	7 + ⁻4 = **3**	⁻9 + ⁻8 = **⁻17**	⁻4 + 7 = **3**
⁻9 + 9 = **0**				

Name: _____   Time: _____

WORKSHEET #42

Directions: Subtract the integers.

There's only one rule for **subtracting integers**, and that is that you add the opposite.

9 − ⁻7 = **16**	⁻7 − 5 = ⁻**12**	⁻11 − ⁻5 = ⁻**6**	9 − ⁻4 = **13**	⁻13 − 9 = ⁻**22**
10 − ⁻3 = **13**	15 − ⁻6 = **21**	⁻11 − ⁻7 = ⁻**4**	⁻1 − ⁻1 = **0**	8 − ⁻7 = **15**
⁻10 − 4 = ⁻**14**	⁻10 − 6 = ⁻**16**	11 − ⁻6 = **17**	⁻6 − 3 = ⁻**9**	⁻13 − ⁻5 = ⁻**8**
⁻8 − 2 = ⁻**10**	⁻15 − 9 = ⁻**24**	⁻8 − 4 = ⁻**12**	2 − ⁻2 = **4**	4 − ⁻1 = **5**
⁻12 − ⁻3 = ⁻**9**	⁻7 − ⁻3 = ⁻**4**	⁻13 − 8 = ⁻**21**	5 − ⁻3 = **8**	15 − ⁻7 = **22**
⁻13 − 4 = ⁻**17**	⁻3 − ⁻3 = **0**	⁻10 − 7 = ⁻**17**	⁻10 − 5 = ⁻**15**	⁻6 − 2 = ⁻**8**
12 − ⁻9 = **21**	⁻3 − ⁻2 = ⁻**1**	⁻13 − ⁻6 = ⁻**7**	10 − ⁻1 = **11**	⁻15 − 8 = ⁻**23**
⁻11 − 3 = ⁻**14**	4 − ⁻4 = **8**	⁻6 − ⁻4 = ⁻**2**	⁻12 − ⁻4 = ⁻**8**	⁻4 − ⁻3 = ⁻**1**
⁻13 − 7 = ⁻**20**	8 − ⁻5 = **13**	16 − ⁻7 = **23**	10 − ⁻2 = **12**	⁻5 − ⁻5 = **0**
14 − ⁻7 = **21**	⁻11 − 9 = ⁻**20**	8 − ⁻6 = **14**	12 − ⁻8 = **20**	⁻5 − ⁻1 = ⁻**4**
⁻14 − ⁻5 = ⁻**9**	⁻5 − ⁻2 = ⁻**3**	⁻16 − 9 = ⁻**25**	⁻9 − ⁻6 = ⁻**3**	6 − ⁻6 = **12**
5 − ⁻4 = **9**	⁻12 − ⁻5 = ⁻**7**	4 − ⁻2 = **6**	⁻14 − 9 = ⁻**23**	⁻10 − ⁻9 = ⁻**1**
16 − ⁻8 = **24**	⁻10 − ⁻8 = ⁻**2**	⁻7 − ⁻7 = **0**	⁻11 − 4 = ⁻**15**	⁻11 − 8 = ⁻**19**
⁻8 − 1 = ⁻**9**	12 − ⁻7 = **19**	⁻8 − 3 = ⁻**11**	⁻14 − ⁻6 = ⁻**8**	9 − ⁻1 = **10**
⁻17 − 8 = ⁻**25**	⁻9 − ⁻5 = ⁻**4**	8 − ⁻8 = **16**	⁻6 − ⁻5 = ⁻**1**	⁻12 − ⁻6 = ⁻**6**
⁻18 − ⁻9 = ⁻**9**	⁻14 − 8 = ⁻**22**	⁻11 − 2 = ⁻**13**	17 − ⁻9 = **26**	⁻7 − 6 = ⁻**13**
⁻9 − ⁻9 = **0**	⁻7 − ⁻1 = ⁻**6**	⁻2 − 1 = ⁻**3**	⁻7 − ⁻2 = ⁻**5**	6 − ⁻1 = **7**
3 − ⁻1 = **4**	⁻7 − ⁻4 = ⁻**3**	9 − ⁻3 = **12**	⁻9 − 2 = ⁻**11**	⁻9 − 8 = ⁻**17**

WORKSHEET #43

Directions: Subtract the integers.

There's only one rule for **subtracting integers**, and that is that you add the opposite.

(−9) − 7 = **⁻16**	⁻10 − ⁻6 = **⁻4**	11 − (−5) = **16**	10 − (−9) = **19**	⁻13 − ⁻9 = **⁻4**
18 − (−9) = **27**	−15 − 6 = **⁻21**	⁻11 − ⁻2 = **⁻9**	1 − (−1) = **2**	7 − (−2) = **9**
⁻10 − ⁻4 = **⁻6**	9 − (−5) = **14**	−11 − 6 = **⁻17**	5 − (−2) = **7**	13 − (−5) = **18**
6 − (−4) = **10**	⁻15 − ⁻9 = **⁻6**	⁻6 − ⁻3 = **⁻3**	(−2) − 2 = **⁻4**	4 − (−3) = **7**
12 − (−3) = **15**	−10 − 1 = **⁻11**	⁻13 − ⁻8 = **⁻5**	⁻8 − ⁻3 = **⁻5**	−15 − 7 = **⁻22**
⁻8 − ⁻2 = **⁻6**	3 − (−3) = **6**	7 − (−1) = **8**	⁻10 − ⁻5 = **⁻5**	(−4) − 2 = **⁻6**
−12 − 9 = **⁻21**	(−8) − 7 = **⁻15**	13 − (−6) = **19**	11 − (−7) = **18**	⁻15 − ⁻8 = **⁻7**
3 − (−2) = **5**	(−4) − 4 = **⁻8**	(−9) − 4 = **⁻13**	12 − (−4) = **16**	⁻6 − ⁻2 = **⁻4**
⁻13 − ⁻7 = **⁻6**	⁻10 − ⁻7 = **⁻3**	−16 − 7 = **⁻23**	−8 − 6 = **⁻14**	5 − (−5) = **10**
9 − (−6) = **15**	⁻11 − ⁻9 = **⁻2**	10 − (−8) = **18**	−12 − 8 = **⁻20**	−10 − 2 = **⁻12**
14 − (−5) = **19**	(−4) − 1 = **⁻5**	⁻16 − ⁻9 = **⁻7**	7 − (−3) = **10**	⁻6 − 6 = **⁻12**
⁻11 − ⁻3 = **⁻8**	12 − (−5) = **17**	⁻8 − ⁻1 = **⁻7**	⁻14 − ⁻9 = **⁻5**	⁻7 − ⁻6 = **⁻1**
−16 − 8 = **⁻24**	−14 − 7 = **⁻21**	7 − (−7) = **14**	(−5) − 4 = **⁻9**	⁻11 − ⁻8 = **⁻3**
6 − (−5) = **11**	−12 − 7 = **⁻19**	5 − (−1) = **6**	14 − (−6) = **20**	−9 − 3 = **⁻12**
⁻17 − ⁻8 = **⁻9**	(−8) − 5 = **⁻13**	(−8) − 8 = **⁻16**	⁻8 − ⁻4 = **⁻4**	12 − (−6) = **18**
(−5) − 3 = **⁻8**	⁻14 − ⁻8 = **⁻6**	⁻13 − ⁻4 = **⁻9**	−17 − 9 = **⁻26**	−9 − 1 = **⁻10**
9 − (−9) = **18**	−10 − 3 = **⁻13**	⁻2 − ⁻1 = **⁻1**	(−3) − 1 = **⁻4**	(−6) − 1 = **⁻7**
⁻9 − ⁻8 = **⁻1**	7 − (−4) = **11**	⁻7 − ⁻5 = **⁻2**	⁻9 − ⁻2 = **⁻7**	⁻11 − ⁻4 = **⁻7**

Name: _____   Time: _____

WORKSHEET #44

Directions: Subtract the integers.

There's only one rule for **subtracting integers**, and that is that you add the opposite.

⁻9 − ⁻7 = ⁻**2**	⁻7 − 1 = ⁻**8**	⁻11 − 5 = ⁻**16**	⁻6 − 4 = ⁻**10**	13 − ⁻9 = **22**
⁻9 − 5 = ⁻**14**	⁻15 − ⁻6 = ⁻**9**	⁻5 − 1 = ⁻**6**	⁻1 − 1 = ⁻**2**	⁻4 − 3 = ⁻**7**
10 − ⁻4 = **14**	⁻6 − 5 = ⁻**11**	⁻11 − ⁻6 = ⁻**5**	⁻18 − 9 = ⁻**27**	⁻13 − 5 = ⁻**18**
⁻8 − ⁻7 = ⁻**1**	15 − ⁻9 = **24**	10 − ⁻7 = **17**	⁻2 − ⁻2 = **0**	⁻11 − 7 = ⁻**18**
⁻12 − 3 = ⁻**15**	6 − ⁻3 = **9**	13 − ⁻8 = **21**	⁻3 − ⁻1 = ⁻**2**	⁻15 − ⁻7 = ⁻**8**
10 − ⁻6 = **16**	⁻3 − 3 = ⁻**6**	8 − ⁻2 = **10**	10 − ⁻5 = **15**	8 − ⁻3 = **11**
⁻12 − ⁻9 = ⁻**3**	⁻8 − ⁻5 = ⁻**3**	⁻13 − 6 = ⁻**19**	⁻9 − ⁻3 = ⁻**6**	15 − ⁻8 = **23**
⁻5 − ⁻3 = ⁻**2**	⁻4 − ⁻4 = **0**	⁻10 − ⁻3 = ⁻**7**	⁻12 − 4 = ⁻**16**	⁻7 − 2 = ⁻**9**
13 − ⁻7 = **20**	⁻9 − 6 = ⁻**15**	⁻16 − ⁻7 = ⁻**9**	13 − ⁻4 = **17**	⁻5 − 5 = ⁻**10**
⁻10 − ⁻1 = ⁻**9**	11 − ⁻9 = **20**	6 − ⁻2 = **8**	⁻12 − ⁻8 = ⁻**4**	11 − ⁻2 = **13**
⁻14 − 5 = ⁻**19**	8 − ⁻4 = **12**	16 − ⁻9 = **25**	⁻10 − 9 = ⁻**19**	⁻6 − ⁻6 = **0**
⁻5 − 2 = ⁻**7**	⁻12 − 5 = ⁻**17**	⁻9 − ⁻4 = ⁻**5**	14 − ⁻9 = **23**	⁻10 − ⁻2 = ⁻**8**
⁻16 − ⁻8 = ⁻**8**	⁻4 − ⁻1 = ⁻**3**	⁻7 − 7 = ⁻**14**	11 − ⁻4 = **15**	11 − ⁻8 = **19**
⁻10 − 8 = ⁻**18**	⁻12 − ⁻7 = ⁻**5**	7 − ⁻6 = **13**	⁻14 − 6 = ⁻**20**	⁻8 − ⁻6 = ⁻**2**
17 − ⁻8 = **25**	⁻3 − 2 = ⁻**5**	⁻8 − ⁻8 = **0**	⁻5 − ⁻4 = ⁻**1**	⁻12 − 6 = ⁻**18**
11 − ⁻3 = **14**	14 − ⁻8 = **22**	7 − ⁻5 = **12**	⁻17 − ⁻9 = ⁻**8**	⁻4 − ⁻2 = ⁻**2**
⁻9 − 9 = ⁻**18**	9 − ⁻8 = **17**	2 − ⁻1 = **3**	⁻7 − 3 = ⁻**10**	⁻6 − ⁻1 = ⁻**5**
8 − ⁻1 = **9**	⁻7 − 4 = ⁻**11**	⁻14 − ⁻7 = ⁻**7**	9 − ⁻2 = **11**	⁻9 − ⁻1 = ⁻**8**

Name: _____   Time: _____

WORKSHEET #45

Directions: Multiply the integers.

There are two rules for **multiplying and dividing integers**.
1. Two positives equal a positive, and two negatives equal a positive.
2. A positive and a negative equal a negative. (Remember that if there is no sign, the number is positive. Also remember that zero is not positive or negative.)

$9 \times {}^-4 = {}^-36$	${}^-8 \times {}^-3 = 24$	$5 \times {}^-7 = {}^-35$	${}^-7 \times {}^-2 = 14$	$2 \times {}^-2 = {}^-4$
${}^-9 \times {}^-2 = 18$	${}^-3 \times 3 = {}^-9$	${}^-4 \times {}^-4 = 16$	${}^-5 \times {}^-4 = 20$	${}^-1 \times {}^-2 = 2$
${}^-3 \times 9 = {}^-27$	${}^-8 \times {}^-4 = 32$	$2 \times {}^-8 = {}^-16$	${}^-3 \times {}^-4 = 12$	${}^-3 \times {}^-8 = 24$
${}^-4 \times {}^-5 = 20$	$5 \times {}^-6 = {}^-30$	${}^-1 \times {}^-4 = 4$	${}^-2 \times 1 = {}^-2$	${}^-8 \times {}^-2 = 16$
$7 \times {}^-7 = {}^-49$	${}^-7 \times {}^-1 = 7$	${}^-4 \times 3 = {}^-12$	$8 \times {}^-5 = {}^-40$	$6 \times {}^-5 = {}^-30$
${}^-1 \times {}^-3 = 3$	$5 \times {}^-5 = {}^-25$	${}^-2 \times {}^-4 = 8$	$2 \times {}^-9 = {}^-18$	${}^-9 \times {}^-1 = 9$
${}^-1 \times 8 = {}^-8$	${}^-4 \times {}^-6 = 24$	${}^-4 \times {}^-7 = 28$	${}^-6 \times {}^-7 = 42$	${}^-3 \times 1 = {}^-3$
${}^-8 \times 8 = {}^-64$	$4 \times {}^-2 = {}^-8$	${}^-8 \times {}^-1 = 8$	$9 \times {}^-9 = {}^-81$	${}^-6 \times {}^-4 = 24$
$7 \times {}^-5 = {}^-35$	${}^-9 \times {}^-3 = 27$	${}^-7 \times 6 = {}^-42$	${}^-2 \times {}^-5 = 10$	${}^-2 \times {}^-6 = 12$
${}^-3 \times {}^-6 = 18$	${}^-1 \times 9 = {}^-9$	${}^-4 \times 1 = {}^-4$	$5 \times {}^-8 = {}^-40$	${}^-6 \times {}^-8 = 48$
$6 \times {}^-2 = {}^-12$	${}^-7 \times {}^-8 = 56$	$5 \times {}^-2 = {}^-10$	${}^-5 \times 3 = {}^-15$	${}^-6 \times 3 = {}^-18$
${}^-7 \times {}^-4 = 28$	${}^-1 \times 1 = {}^-1$	${}^-1 \times {}^-5 = 5$	${}^-8 \times 6 = {}^-48$	${}^-6 \times 6 = {}^-36$
$8 \times {}^-7 = {}^-56$	${}^-3 \times {}^-7 = 21$	${}^-3 \times {}^-5 = 15$	${}^-4 \times {}^-8 = 32$	$5 \times {}^-9 = {}^-45$
${}^-2 \times {}^-3 = 6$	${}^-5 \times 1 = {}^-5$	${}^-7 \times {}^-9 = 63$	${}^-6 \times {}^-9 = 54$	${}^-8 \times {}^-9 = 72$
${}^-7 \times 3 = {}^-21$	${}^-9 \times 6 = {}^-54$	$9 \times {}^-5 = {}^-45$	${}^-1 \times {}^-6 = 6$	${}^-1 \times 7 = {}^-7$
${}^-2 \times {}^-7 = 14$	$9 \times {}^-7 = {}^-63$	$3 \times {}^-2 = {}^-6$	${}^-9 \times 8 = {}^-72$	${}^-4 \times {}^-9 = 36$
${}^-6 \times {}^-1 = 6$				

Name: _____   Time: _____

WORKSHEET #46

Directions: Multiply the integers.

There are two rules for **multiplying and dividing integers**.
1. Two positives equal a positive, and two negatives equal a positive.
2. A positive and a negative equal a negative. (Remember that if there is no sign, the number is positive. Also remember that zero is not positive or negative.)

−9 × −4 = **36**	−8 × 3 = **−24**	−1 × 4 = **−4**	7 × −2 = **−14**	−2 × −2 = **4**
−5 × −7 = **35**	−3 × −3 = **9**	4 × −4 = **−16**	−9 × −6 = **54**	−1 × 2 = **−2**
−3 × −9 = **27**	−6 × −6 = **36**	−2 × −8 = **16**	−3 × 4 = **−12**	9 × −2 = **−18**
4 × −5 = **−20**	−5 × −6 = **30**	−3 × 8 = **−24**	−2 × −1 = **2**	8 × −2 = **−16**
2 × −3 = **−6**	−7 × 1 = **−7**	−4 × −3 = **12**	5 × −4 = **−20**	−6 × −5 = **30**
−1 × 3 = **−3**	−8 × −8 = **64**	2 × −4 = **−8**	−2 × −9 = **18**	−3 × −2 = **6**
−1 × −8 = **8**	4 × −6 = **−24**	2 × −6 = **−12**	−6 × 7 = **−42**	−3 × −1 = **3**
−1 × −7 = **7**	−4 × −2 = **8**	−8 × 1 = **−8**	8 × −4 = **−32**	6 × −4 = **−24**
−7 × −5 = **35**	−9 × −9 = **81**	−7 × −6 = **42**	2 × −5 = **−10**	−5 × −3 = **15**
−3 × 6 = **−18**	−1 × −9 = **9**	−1 × −1 = **1**	−5 × −8 = **40**	−6 × 8 = **−48**
−3 × 5 = **−15**	7 × −8 = **−56**	−5 × −2 = **10**	−9 × 3 = **−27**	−6 × −3 = **18**
7 × −4 = **−28**	−8 × −5 = **40**	−1 × 5 = **−5**	−8 × −6 = **48**	−5 × −5 = **25**
−8 × −7 = **56**	−3 × 7 = **−21**	−6 × −2 = **12**	4 × −8 = **−32**	−5 × −9 = **45**
−6 × 9 = **−54**	−5 × −1 = **5**	7 × −9 = **−63**	−6 × 1 = **−6**	−8 × 9 = **−72**
−7 × −3 = **21**	4 × −7 = **−28**	−9 × −5 = **45**	−1 × 6 = **−6**	−7 × −7 = **49**
2 × −7 = **−14**	−9 × −7 = **63**	−9 × 1 = **−9**	−9 × −8 = **72**	4 × −9 = **−36**
−4 × −1 = **4**				

Name: _____   Time: _____

WORKSHEET #47

Directions: Divide the integers.

There are two rules for **multiplying and dividing integers**.
1. Two positives equal a positive, and two negatives equal a positive.
2. A positive and a negative equal a negative. (Remember that if there is no sign, the number is positive. Also remember that zero is not positive or negative.)

20 ÷ ⁻5 = **⁻4**	⁻1 ÷ ⁻1 = **1**	⁻36 ÷ 9 = **⁻4**	⁻7 ÷ ⁻1 = **7**	48 ÷ ⁻6 = **⁻8**
⁻72 ÷ ⁻9 = **8**	⁻2 ÷ 2 = **⁻1**	⁻21 ÷ ⁻3 = **7**	⁻15 ÷ ⁻5 = **3**	⁻32 ÷ ⁻8 = **4**
⁻14 ÷ 2 = **⁻7**	⁻36 ÷ 6 = **⁻6**	21 ÷ ⁻7 = **⁻3**	⁻3 ÷ ⁻3 = **1**	8 ÷ ⁻1 = **⁻8**
⁻9 ÷ ⁻1 = **9**	49 ÷ ⁻7 = **⁻7**	⁻45 ÷ 9 = **⁻5**	⁻4 ÷ 4 = **⁻1**	⁻24 ÷ ⁻3 = **8**
6 ÷ ⁻3 = **⁻2**	⁻35 ÷ ⁻7 = **5**	⁻15 ÷ 3 = **⁻5**	10 ÷ ⁻2 = **⁻5**	24 ÷ ⁻8 = **⁻3**
⁻5 ÷ ⁻5 = **1**	4 ÷ ⁻2 = **⁻2**	⁻6 ÷ ⁻2 = **3**	54 ÷ ⁻9 = **⁻6**	⁻32 ÷ 4 = **⁻8**
⁻6 ÷ 6 = **⁻1**	⁻24 ÷ ⁻4 = **6**	⁻20 ÷ ⁻4 = **5**	⁻36 ÷ ⁻4 = **9**	⁻16 ÷ 4 = **⁻4**
⁻56 ÷ ⁻7 = **8**	24 ÷ ⁻6 = **⁻4**	⁻7 ÷ ⁻7 = **1**	⁻63 ÷ ⁻7 = **9**	⁻8 ÷ ⁻2 = **4**
56 ÷ ⁻8 = **⁻7**	⁻48 ÷ ⁻8 = **6**	⁻8 ÷ 8 = **⁻1**	⁻25 ÷ ⁻5 = **5**	⁻14 ÷ ⁻7 = **2**
⁻40 ÷ ⁻5 = **8**	⁻16 ÷ 8 = **⁻2**	8 ÷ ⁻4 = **⁻2**	27 ÷ ⁻3 = **⁻9**	⁻9 ÷ ⁻9 = **1**
12 ÷ ⁻3 = **⁻4**	⁻9 ÷ ⁻3 = **3**	63 ÷ ⁻9 = **⁻7**	⁻18 ÷ ⁻2 = **9**	⁻2 ÷ 1 = **⁻2**
⁻27 ÷ ⁻9 = **3**	12 ÷ ⁻2 = **⁻6**	⁻42 ÷ ⁻6 = **7**	⁻18 ÷ 9 = **⁻2**	⁻54 ÷ ⁻6 = **9**
28 ÷ ⁻4 = **⁻7**	⁻3 ÷ ⁻1 = **3**	⁻16 ÷ ⁻2 = **8**	⁻10 ÷ ⁻5 = **2**	72 ÷ ⁻8 = **⁻9**
⁻18 ÷ ⁻3 = **6**	⁻4 ÷ 1 = **⁻4**	⁻28 ÷ ⁻7 = **4**	⁻64 ÷ ⁻8 = **8**	⁻45 ÷ ⁻5 = **9**
⁻18 ÷ 6 = **⁻3**	⁻12 ÷ ⁻4 = **3**	30 ÷ ⁻5 = **⁻6**	⁻5 ÷ ⁻1 = **5**	⁻35 ÷ 5 = **⁻7**
⁻12 ÷ ⁻6 = **2**	81 ÷ ⁻9 = **⁻9**	⁻42 ÷ 7 = **⁻6**	⁻6 ÷ 1 = **⁻6**	⁻30 ÷ ⁻6 = **5**
⁻40 ÷ 8 = **⁻5**				

Name: _____   Time: _____

WORKSHEET #48

Directions: Divide the integers.

There are two rules for **multiplying and dividing integers**.
1. Two positives equal a positive, and two negatives equal a positive.
2. A positive and a negative equal a negative. (Remember that if there is no sign, the number is positive. Also remember that zero is not positive or negative.)

−20 ÷ −5 = **4**	−1 ÷ 1 = **−1**	−36 ÷ −6 = **6**	7 ÷ −1 = **−7**	−48 ÷ −6 = **8**
−45 ÷ −9 = **5**	−2 ÷ −2 = **1**	21 ÷ −3 = **−7**	−15 ÷ 5 = **−3**	−32 ÷ 8 = **−4**
−14 ÷ −2 = **7**	−16 ÷ 2 = **−8**	−21 ÷ −7 = **3**	−3 ÷ 3 = **−1**	−20 ÷ 4 = **−5**
9 ÷ −1 = **−9**	−49 ÷ −7 = **7**	−4 ÷ −2 = **2**	−4 ÷ −4 = **1**	24 ÷ −3 = **−8**
72 ÷ −9 = **−8**	−35 ÷ 7 = **−5**	−15 ÷ −3 = **5**	48 ÷ −8 = **−6**	−24 ÷ −8 = **3**
−5 ÷ 5 = **−1**	−42 ÷ −7 = **6**	6 ÷ −2 = **−3**	−54 ÷ −9 = **6**	−14 ÷ 7 = **−2**
−6 ÷ −6 = **1**	24 ÷ −4 = **−6**	63 ÷ −7 = **−9**	−36 ÷ 4 = **−9**	−16 ÷ −4 = **4**
−40 ÷ −8 = **5**	−24 ÷ −6 = **4**	−7 ÷ 7 = **−1**	54 ÷ −6 = **−9**	8 ÷ −2 = **−4**
−56 ÷ −8 = **7**	−6 ÷ −3 = **2**	−8 ÷ −8 = **1**	25 ÷ −5 = **−5**	64 ÷ −8 = **−8**
−40 ÷ 5 = **−8**	−16 ÷ −8 = **2**	56 ÷ −7 = **−8**	−27 ÷ −3 = **9**	−9 ÷ 9 = **−1**
−10 ÷ −2 = **5**	9 ÷ −3 = **−3**	−63 ÷ −9 = **7**	−18 ÷ 2 = **−9**	−2 ÷ −1 = **2**
27 ÷ −9 = **−3**	−36 ÷ −9 = **4**	−42 ÷ 6 = **−7**	−18 ÷ −9 = **2**	−8 ÷ −1 = **8**
−28 ÷ −4 = **7**	−3 ÷ 1 = **−3**	−12 ÷ −3 = **4**	10 ÷ −5 = **−2**	−72 ÷ −8 = **9**
−32 ÷ −4 = **8**	−4 ÷ −1 = **4**	28 ÷ −7 = **−4**	−35 ÷ −5 = **7**	−45 ÷ 5 = **−9**
−18 ÷ −6 = **3**	−18 ÷ 3 = **−6**	−30 ÷ −5 = **6**	−5 ÷ 1 = **−5**	−8 ÷ −4 = **2**
12 ÷ −6 = **−2**	−81 ÷ −9 = **9**	−12 ÷ 4 = **−3**	−6 ÷ −1 = **6**	30 ÷ −6 = **−5**
−12 ÷ −2 = **6**				

Symmetry

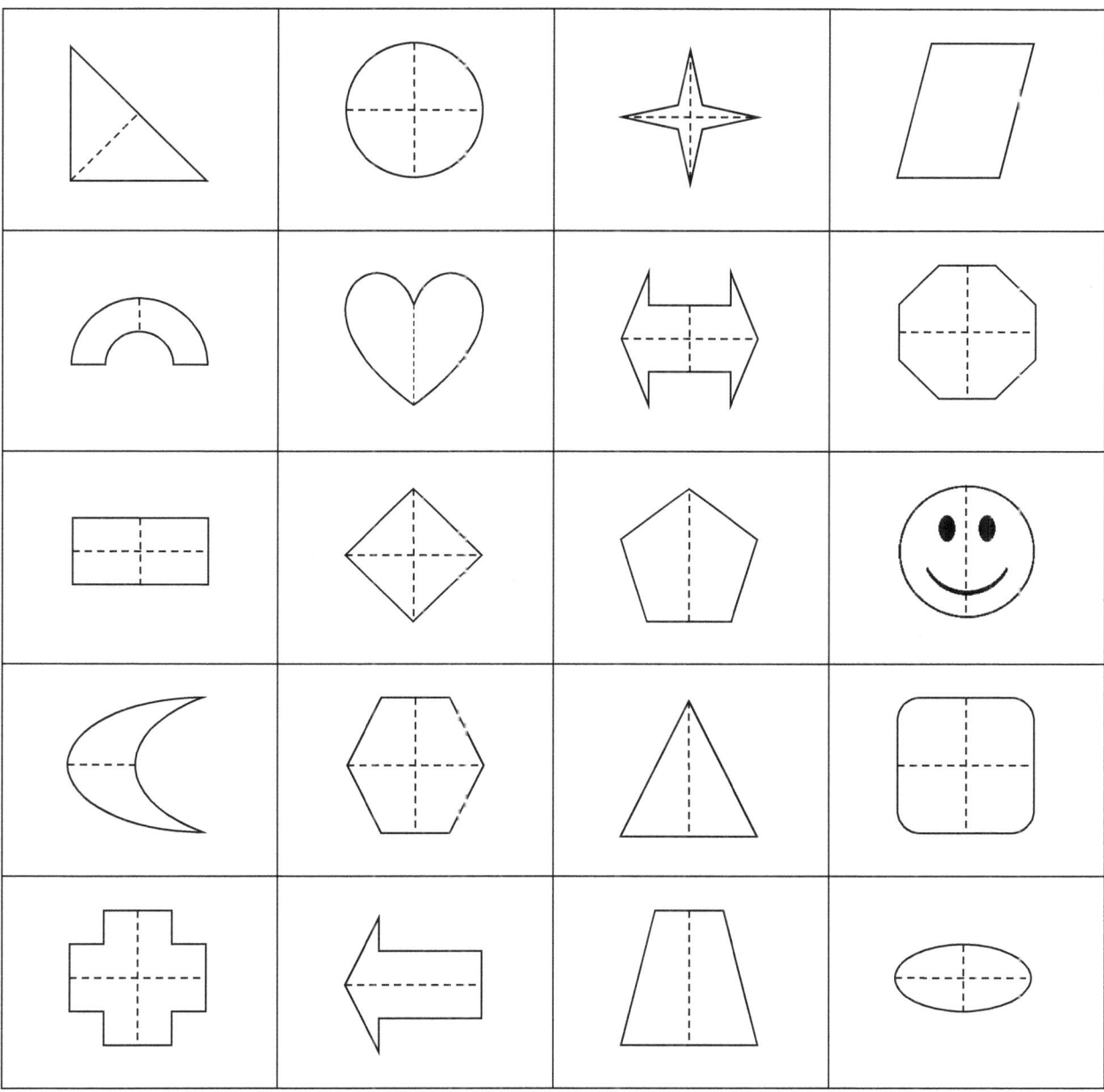

Directions: Use your ruler to show how many axes of symmetry (up to two) each figure has. Although some of the shapes have more than two lines of symmetry, illustrate the one or two most obvious ones. Note that one of the shapes doesn't have any lines of symmetry.

www.ingramcontent.com/pod-product-compliance
Lightning Source LLC
Chambersburg PA
CBHW081346040426
42450CB00015B/3321